信息技术基础实训指导（WPS版）

主　编 ◎ 卢彩虹　朱丽华　杨　红

副主编 ◎ 孙冠男　王　欢　王洪岩　初　夏

U0387643

清华大学出版社

北京

内 容 简 介

本书是为《信息基础（WPS 版）》一书配套的上机实训指导。全书分为两部分。第一部分为"实训部分"，针对主教材各项目的内容，精选了 35 个实训，精心设计和安排了相应的上机实训内容，每个实训均采用"案例驱动"的思路来编写，给出了具体而翔实的实训目的、实训内容和参考步骤。第二部分为"习题部分"，针对主教材各任务的内容进行组织并作了适当拓展，同时根据《高等职业教育专科信息技术课程标准（2021 年版）》《全国计算机等级考试一级计算机基础及 WPS Office 应用考试大纲（2023 年版）》和《全国计算机等级考试二级 WPS Office 高级应用与设计考试大纲（2023 年版）》的要求，精心挑选了充足的练习题。

图书在版编目（CIP）数据

信息技术基础实训指导：WPS 版 / 卢彩虹，朱丽华，

杨红主编. -- 北京 ：清华大学出版社，2024. 9.

ISBN 978-7-302-67353-8

Ⅰ．TP3

中国国家版本馆 CIP 数据核字第 202431LB69 号

责任编辑：付潭蛟
封面设计：胡梅玲
责任校对：宋玉莲
责任印制：丛怀宇
出版发行：清华大学出版社
      网　　　址：https://www.tup.com.cn，https://www.wqxuetang.com
      地　　　址：北京清华大学学研大厦 A 座　　　邮　　编：100084
      社 总 机：010-83470000　　　邮　　购：010-62786544
      投稿与读者服务：010-62776969，c-service@tup.tsinghua.edu.cn
      质 量 反 馈：010-62772015，zhiliang@tup.tsinghua.edu.cn
      课 件 下 载：https://www.tup.com.cn，010-83470332
印 装 者：三河市龙大印装有限公司
经　　销：全国新华书店
开　　本：185mm×260mm　　　印　张：14　　　字　数：306 千字
版　　次：2024 年 9 月第 1 版　　　印　次：2024 年 9 月第 1 次印刷
定　　价：49.00 元

产品编号：108261-01

前　言

当今社会，信息技术已经成为经济社会转型与发展的主要驱动力，是建设创新型国家、制造强国、质量强国、网络强国、数字中国、智慧社会的基础支撑。"信息技术"课程是高等职业教育专科各专业学生必修或限定选修的公共基础课程，旨在帮助学生增强信息意识，提升计算思维，促进数字化创新与发展能力，促进专业技术与信息技术的融合，树立正确的信息社会价值观和责任感，为其职业发展、终身学习和服务社会奠定基础。

本书的编写落实了立德树人根本任务，满足国家信息化发展战略对人才培养的要求，围绕高等职业教育专科各专业对信息技术学科核心素养的培养需求，吸纳信息技术领域的前沿技术，通过理实一体化教学，提升学生应用信息技术解决问题的综合能力，使学生成为德智体美劳全面发展的高素质技术技能人才。

2021年4月，教育部颁布了《高等职业教育专科信息技术课程标准（2021年版）》（以下简称"新课标"），为加快推进党的二十大精神进教材、进课堂、进头脑，本书以新课标为纲，紧紧围绕信息意识、计算思维、数字化创新与发展、信息社会责任4项学科核心素养进行设计和编写，在对学生进行知识讲授和技能训练的同时，还注重对其行为规范和思想意识的引领，激发学生的民族自豪感和国家认同感，着力培养担当民族复兴大任的时代新人，用社会主义核心价值观铸魂育人。

全书分为两部分，第一部分为"实训部分"，针对主教材各项目的内容，精选了35个实训，精心设计和安排了相应的上机实训内容，每个实训均采用"案例驱动"的思路来编写，给出了具体而翔实的实训目的、实训内容和参考步骤。第二部分为"习题部分"，针对主教材各任务的内容进行组织并作了适当拓展，同时根据《高等职业教育专科信息技术课程标准（2021年版）》《全国计算机等级考试一级计算机基础及WPS Office应用考试大纲（2023年版）》和《全国计算机等级考试二级WPS Office高级应用与设计考试大纲（2023年版）》的要求，精心挑选了充足的练习题。

本书还配套含最新真题的模拟考试软件及真题操作步骤的讲解视频，适合作为普通本科院校及高等职业教育专科公共基础课"信息技术"和"计算机应用基础"课程的教材，以及参加全国计算机等级考试一级计算机基础及WPS Office应用、全国计算机等级考试二级WPS Office考试的学习者的备考用书。

黑龙江农业工程职业学院卢彩虹、黑龙江职业学院朱丽华、黑龙江生态工程职业学院杨红担任本书主编，黑龙江农业工程职业学院孙冠男、王洪岩、初夏以及黑龙江建筑职业技术学院王欢担任本书副主编。具体编写分工如下：实训部分模块 1 由朱丽华编写；模块 2 由卢彩虹编写；模块 3 由杨红编写；模块 4 由孙冠男编写；模块 5 由王欢编写；模块 6 由王洪岩编写；习题部分由初夏编辑。全书由卢彩虹和朱丽华统筹。

在本书的策划和出版过程中，得到了清华大学出版社的大力支持，也得到了很多从事计算机教育、教学同仁们的关心与帮助，在此一并表示感谢。

由于编者水平有限，书中难免存在不妥之处，恳请广大读者、专家给予宝贵意见，我们将不胜感激。

编 者

2024 年 6 月

目　录

第一部分　实　训　部　分

第二部分　习　题　集

第一部分

实训部分

模 块 一

Windows 基本操作

实训 1　认识计算机

1-1-1　了解计算机的基本组成

【实训目的】

- 认识计算机的内、外部组成。
- 熟悉键盘的结构布局。
- 熟悉键盘指法，养成良好的打字习惯。
- 熟练掌握中英文的输入方法，并能熟练使用一种中文输入法。

【实训内容】

　　根据性能，计算机可分为超级计算机、大型计算机、小型计算机、工作站和个人电脑等。其中，小型计算机适用于个人和家庭使用，通常包括台式机、一体机、笔记本和平板四大类，如图 1-1 所示。下面以台式机为例介绍计算机的基本组成。

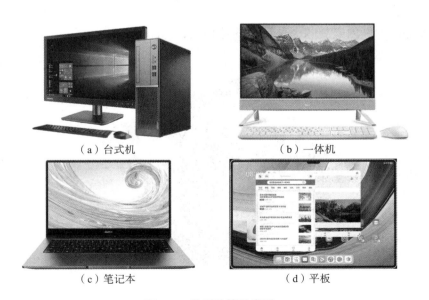

（a）台式机　　　　　　　　　　　　（b）一体机

（c）笔记本　　　　　　　　　　　　（d）平板

图 1-1　常见计算机类型

1. 主机

主机是指计算机除去输入输出设备以外的主要机体部分，如图 1-2 所示。主机也是用于集成主板及其他主要部件的箱体，通常包括 CPU、内存、主板、硬盘、电源、机箱、散热系统以及其他输入输出控制器和接口。

主机的背面一般有电源插口、VGA 接口（连接显示器或者投影仪）、RJ45 接口（连接网线）、USB 接口、音频输入和输出接口等，如图 1-2（a）所示。

主机的正面一般有电源（Power）按钮、复位（Reset）按钮、工作指示灯、前置USB 接口和前置耳机接口等，如图 1-2（b）所示。

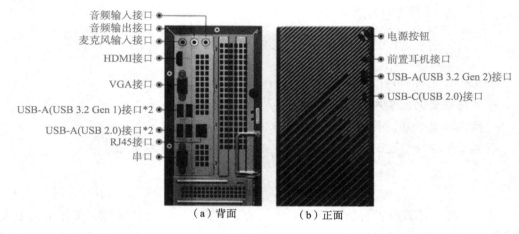

图 1-2　主机

（1）主板

主板是在主机内安装的一块最大的电路板，如图 1-3 所示。

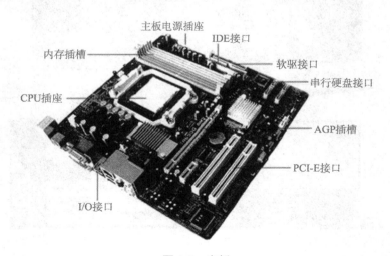

图 1-3　主板

（2）CPU

CPU 安装在主板的 CPU 插座上。CPU 在工作时会发热，为了防止 CPU 因为过热而影响计算机的稳定性，可以为 CPU 安装一个 CPU 风扇。CPU 风扇由金属散热片和风扇组成。CPU 和 CPU 风扇如图 1-4 所示。

图 1-4　CPU 和 CPU 风扇

（3）内存条

内存条是计算机必不可少的组成部分，与可有可无的外存不同，内存是以总线方式进行读写操作的部件；内存绝非仅仅是起数据仓库的作用。除少量操作系统中必不可少的程序常驻内存外，我们平常使用的程序，如 Windows 等系统软件，包括打字软件、办公软件、游戏软件等在内的应用软件，也存储在内存条内。常见的内存条如图 1-5 所示。

图 1-5　内存条

（4）硬盘

硬盘被固定安装在主机箱内，数据线与主板上的硬盘接口相连。因为硬盘需要主机箱电源供电，所以硬盘上还有一个电源接口。

计算机硬盘分为机械硬盘和固态硬盘，两者在外观和内部结构上差异比较大，如图 1-6 所示。

图 1-6　机械硬盘和固态硬盘

（5）接口卡

个人计算机中常用的接口卡包括显卡、声卡、网卡等，它们都是插接在主板的总线扩展槽上的电路板。目前，显卡使用的总线有 PCI-E 和 AGP 两种，声卡和网卡都使用 PCI 总线。显卡用来连接显示器，声卡用来连接音箱和麦克风，网卡用来连接网线，使计算机可以上网。

各种接口卡的外形很相似，区分的方法是查看相应的接口。图 1-7 中从左到右分别是显卡、声卡和网卡。

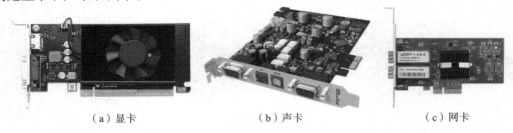

（a）显卡　　　　　　　　　（b）声卡　　　　　　　　　（c）网卡

图 1-7　显卡、声卡和网卡

2．显示器

显示器是标准输出设备，也是必备的设备，台式计算机的显示器是单独的，而一体机的显示器和主机合二为一。传统的阴极射线管（CRT）显示器的外观如图 1-8 所示，目前主流的液晶显示器（LCD 显示器）的外观如图 1-9 所示。

（a）正面　　　　　　　　（b）背面

图 1-8　CRT 显示器　　　　　　　　图 1-9　LCD 显示器

3．键盘和鼠标

键盘和鼠标一般分为无线的和有线的，对于有线鼠标或键盘，需分别连接到主机的 PS/2 接口或 USB 接口上。目前主流的键盘和鼠标如图 1-10 所示。

（a）无线键盘和鼠标　　　　　　　　（b）有线键盘和鼠标

图 1-10　主流的键盘和鼠标

4. 音箱

音箱是可选设备，使用前，需注意将音频线连接至主机背面或正面的音频接口，如果是蓝牙音箱，则需要提前进行设备的连接。

1-1-2 正确开关计算机

【实训目的】

- 掌握计算机的正确打开方式。
- 掌握计算机的正确关闭方式。

【实训内容】

1. 打开计算机

步骤 1：按下显示器、音箱等外设的电源开关，打开相应的外部设备。
步骤 2：按下主机箱上的主机电源开关，给主机供电。
步骤 3：几秒后，计算机将进入操作系统桌面，用户就可以使用计算机了。

2. 关闭计算机

步骤 1：选择"开始"→"关机"菜单命令。
步骤 2：关闭显示器、音箱等外部设备的电源。
步骤 3：切断总电源。

补充说明：

①PC 开机时，应先打开外部设备电源开关，然后再打开主机电源开关；关机顺序与开机顺序相反，即先关闭主机电源开关，再关闭外部设备电源开关。

②在使用过程中，如果计算机出现"死机"现象，可直接按"Ctrl + Alt + Del"组合键来重新启动计算机，或按下主机箱上的电源按钮 5 秒钟，强制关闭计算机。

③切断总电源时，如果在公共机房，一般由机房管理员统一切断电源，不需要同学自己操作。

实训 2 使用鼠标与键盘

1-2-1 使用鼠标

【实训目的】

- 掌握蓝牙鼠标的连接。
- 掌握鼠标的移动、点击、双击、拖动、右击、滚动等基本操作。

【实训内容】

1. 蓝牙鼠标的连接

蓝牙鼠标在使用前要先和计算机进行连接，在 Windows 11 操作系统下，连接的主要步骤如下。

步骤 1：打开鼠标电源，根据说明书提示，进入配对状态，一般是长按电源按钮，使得鼠标指示灯处于快速闪烁状态。

步骤 2：依次选择"开始"→"设置"菜单，打开"设置"窗口，如图 1-11 所示。点击左侧列表区域的"蓝牙和其他设备"项，如图 1-12 所示。

图 1-11　"设置"窗口

图 1-12　点击"蓝牙和其他设备"

步骤 3：点击"添加设备"按钮，在弹出的"添加设备"对话框中点击"蓝牙"，如图 1-13 所示，进入设备搜索状态。在显示的可配对的设备中选择需要添加的鼠标设备，点击即可完成连接。

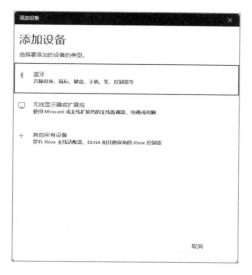

图 1-13　"添加设备"对话框

2. 鼠标的基本操作

（1）移动鼠标

手握鼠标，通过改变鼠标的位置使鼠标指针（光标）在屏幕上移动。在不同的操作界面中，鼠标指针的形状有所不同。图 1-14 分别显示了桌面、WPS 文档界面以及图标上的鼠标指针。通常情况下，鼠标指针为箭头形状　；WPS 文档等文字编辑界面中的鼠标指针为"|"形状，提示用户可编辑文字；鼠标指针位于文件或文件夹等图标上时，系统会显示文件或文件夹的类型、大小和修改日期等基本信息。

 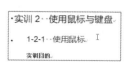 

图 1-14　桌面、WPS 文档界面以及图标上的鼠标指针

（2）点击鼠标

点击鼠标通常是指点击鼠标左键，常用于选择图标或菜单命令。系统使用高亮背景颜色显示选中的图标，未选中的图标没有高亮背景颜色。图 1-15 显示了选中的图标和未选中的图标。

（3）双击鼠标

双击鼠标通常是指快速、连续两次点击鼠标左键，常用于打开文件夹窗口、启动应用程序、打开文件等。

图 1-15　选中的图标和
未选中的图标

（4）拖动鼠标

拖动鼠标通常是指将鼠标指针移动到目标对象上，按住鼠标左键不放，然后移动鼠标，将对象移动到目标位置后，释放鼠标左键。拖动操作常用于移动图标、文件或文件夹的位置，也可在应用程序（如 WPS 文档）中移动选中对象的位置。在拖动文件或文件夹图标时，鼠标指针下方会显示图标进行示意。图 1-16 显示了拖动图标时的两种情况。

图 1-16   拖动图标时的两种情况

（5）右击鼠标

右击鼠标通常是指点击鼠标右键，常用于打开与对象关联的快捷菜单。图 1-17 依次显示了右击回收站、WPS 文档和桌面空白位置后弹出的快捷菜单。

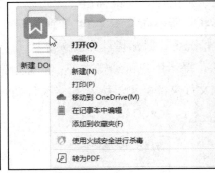

图 1-17   右击回收站、WPS 文档和桌面空白处的右键快捷菜单

（6）滚动鼠标

滚动鼠标通常是指滚动鼠标左右键之间的滚轮，在窗口出现垂直滚动条时，上下滚动鼠标可滚动屏幕显示内容，按住"Ctrl"键滚动鼠标可执行放大或缩小操作。

①使用快捷键"Windows 徽标 + E"打开"主文件夹"窗口，点击左侧列表中的"桌面"项，将鼠标指针移动到右侧文件列表窗格，然后按住"Ctrl"键上下滚动鼠标，观察操作结果。

②打开任意一个 WPS 文档。如果文档没有内容，可按"Enter"键为文档添加多个空白段落，使文档有多个页面。上下滚动鼠标，观察操作结果。再按住"Ctrl"键上下滚动鼠标，观察操作结果。

③打开浏览器，可以尝试百度搜索"人民网"并点击访问。上下滚动鼠标，观察操作结果。再按住"Ctrl"键上下滚动鼠标，观察操作结果。

1-2-2 使用键盘

【实训目的】

- 认识键盘布局。
- 掌握键盘的分类。

【实训内容】

1. 认识键盘布局

通常，键盘分为 5 个区，分别是主键盘区、功能键区、控制键区、数字键区和状态指示区，如图 1-18 所示。不同类型的键盘，其按键位置与布局可能有所不同。

图 1-18 键盘的 5 个分区

2. 键盘的分类

键盘可按多种方式进行分类。

①按编码分：可分为全编码键盘和非编码键盘两类。

②按应用分：可分为台式机键盘、笔记本电脑键盘、手机键盘、工控机键盘、速录机键盘、双控键盘等。

③按码元性质分：可分为字母键盘和数字键盘两大类。

④按工作原理分：可分为机械键盘、塑料薄膜式键盘、导电橡胶式键盘、无接点静电电容键盘等。

⑤按文字输入分：可分为单键输入键盘、双键输入键盘和多键输入键盘等。

⑥按外形分：可分为标准键盘和人体工程学键盘等。

3. 了解常用按键的功能

（1）功能键区

功能键区按键的功能如下。

① "Esc"：取消正在执行的操作，如取消鼠标拖动、取消文件重命名、关闭对话框等。

② "F1"：显示帮助信息。

③ "F2"：使选中文件及文件夹进入重命名状态。

④ "F3"：打开 Windows 资源管理器执行"搜索文件"操作。

⑤ "F4"：显示 Windows 资源管理器或浏览器的地址栏。

⑥ "F5"：刷新。

⑦ "F6"：在窗口或桌面上循环切换屏幕元素。

⑧ "F7"：DOS 功能键，一般用于在 DOS 窗口中查看历史指令。

⑨ "F8"：显示 Windows 启动选项菜单。

⑩ "F9"：由应用程序定义。

⑪ "F10"：激活菜单栏（当可用时）。

⑫ "F11"：全屏模式。

⑬ "F12"：在浏览器打开开发者工具。

⑭ "Print Screen"：屏幕截图键（截全屏键）。

⑮ "Pause Break"：暂停键，可实现程序在执行过程中的暂停操作等。

（2）状态指示区

状态指示区指示灯的功能如下。

① "Num Lock"指示灯：显示数字键区数字键的锁定状态，亮灯时表示处于数字输入状态，未亮灯时部分数字按键作为方向键使用。

② "Caps Lock"指示灯：大小写锁定，亮灯时表示输入大写。

③ "Scroll Lock"指示灯：滚动锁定指示灯，亮灯时表示处于页面滚动状态。

（3）控制键区

控制键区按键的功能如下。

① "Insert"：切换字符插入状态（后移或改写）。

② "Home"：行首键，光标移至行首位置。

③ "End"：行尾键，光标移至行尾位置。

④ "Page Up"：向上翻页。

⑤ "Page Down"：向下翻页。

⑥ "Delete"：删除键，可删除光标后的字符。

⑦四个方向键：实现上、下、左、右移动操作。

（4）数字键区

数字键区的控制键与控制键区中对应键功能相同。

（5）主键盘区

主键盘区按键的功能如下。

①"Caps Lock"：大写字母锁定键，按一下，Caps Lock 指示灯亮，此时只能输入大写字母；再按一下，Caps Lock 指示灯灭，此时可以输入小写字母。

②"Tab"：制表键，也叫跳格键，用于在文档中插入 4 个空格，或用于在屏幕或窗口中切换焦点。

③"Shift"：上档键，按住此键可以输入相应按键上标示的上一排符号，如叹号、百分号、美元符号等；在英文输入法状态下，按住此键再输入字母键，则可以实现大小写字母的切换。

④"Ctrl"：控制键，与其他键组成快捷键，如"Ctrl + C"为复制快捷键，"Ctrl + V"为粘贴快捷键。

⑤"Alt"：替换键，与其他键组成快捷键，如快捷键"Alt + Tab"可切换打开的程序，快捷键"Alt + F4"可以关闭界面或窗口。

⑥"Enter"：回车键，也叫确定键，可实现换行或确定等操作。

⑦"▦"：Windows 徽标键，按一次打开"开始"菜单，再按一次则关闭"开始"菜单。

⑧"Backspace"：删除键，可删除光标前的字符。

⑨"Space"：空格键，可输入空格，也可以起分割字符的作用。

1-2-3　练习指法

【实训目的】

- 认识并熟练使用基准键。
- 熟练掌握十指的分工。
- 掌握正确的打字姿势。

【实训内容】

1. 基准键

指法规范：左、右手大拇指轻轻地、自然地放在"Space"键上，左手食指放在"F"键上，其余手指依次放在"D""S""A"键上；右手食指放在"J"键上，其余手指依次放在"K""L"";"键上，如图 1-19 所示。这里的"A""S""D""F""J""K""L"";"键称为基准键。

图 1-19　手势与基准键

2. 十指分工

打字时双手的十个手指都有明确的分工，只有按照正确的手指分工打字，才能实现盲打和提高打字速度。如图 1-20 所示，左右手指放在相应基准键上，完成对应键的敲击后迅速返回原位；食指击键注意键位角度；小指击键力量保持均匀；数字键采用跳式击键。

图 1-20　十指分工

3. 打字姿势

打字时应该养成正确的姿势。正确的打字姿势，不仅能够提高输入速度，减缓操作者长时间工作带来的疲劳，而且能够快速实现盲打，提高工作效率。打字时应做到以下要求：坐姿端正，身体正对"Space"键，上身稍向前倾，距离键盘 20～30 厘米；屏幕中心略低于双眼；肩部放松，上臂和肘部轻轻靠近身体，手腕自然平直；手指微曲，轻轻地悬放在与各手指相对应的基准键上，正确打字姿势如图 1-21 所示。

图 1-21　正确打字姿势

4. 指法训练

打开打字练习软件"金山打字通"进行指法训练，熟悉键盘中的基准键及其他键的位置，按十指分工的要求进行练习。先进行基准键练习，再分别选择其他键进行练习

（图 1-22），直到熟练。

图 1-22　指法训练

实训 3　输入法的使用及中英文录入

1-3-1　设置与切换输入法

【实训目的】

- 了解常用输入法的安装。
- 熟悉输入法的使用。

【实训内容】

1. 安装输入法

按以下步骤安装搜狗拼音输入法。

①下载搜狗拼音输入法安装程序。在搜狗拼音输入法官方网站下载输入法安装程序。

②安装搜狗拼音输入法。双击已下载的安装程序，按照安装提示安装即可。安装过程中要注意有些项目不要勾选，否则会自动安装其他的软件。

③检查安装。切换输入法，若在任务栏右侧语言栏处出现搜狗拼音输入法图标，则表示安装成功。

2. 输入法的使用

Windows 11 默认将系统自带的微软拼音输入法作为中文输入法，并在任务栏提示区显示输入法图标中（中文输入状态）和英（英文输入状态）、全/半角图标●（全角状态）和☽（半角状态），以及中/英文标点图标°,（中文输入状态）和°,（英文输入状态）。输入法图标如图 1-23 所示。

（1）显示和隐藏输入法工具栏

输入法工具栏默认为隐藏状态。右击输入法图标，在弹出的快捷菜单中选择"输入法工具栏（开/关）"命令，可显示或隐藏输入法工具栏。微软拼音输入法工具栏如图 1-24 所示。

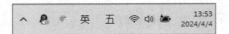

图 1-23　输入法图标　　　　　　　　　　　　　　图 1-24　微软拼音输入法工具栏

（2）切换中文和英文输入状态

在任务栏提示区中点击输入法图标、点击输入法工具栏中的"中/英"图标，或按"Shift"键，或使用"Ctrl + Space"组合键，可切换中文和英文输入状态。

（3）各种输入法的切换

个人计算机根据需要可以安装多种输入法，如万能五笔、搜狗输入法等。可使用"Ctrl + Shift"组合键切换各种输入法。

（4）切换全角和半角状态

点击输入法工具栏中的"全/半角"图标或使用"Shift + Space"组合键，可切换全角和半角状态。

（5）切换中文标点和英文标点

点击输入法工具栏中的"中/英文标点"图标或使用"Ctr + ."组合键，可切换中文标点和英文标点。

1-3-2　中英文录入练习

【实训目的】

- 通过"金山打字通"进行中英文录入练习。
- 熟悉键盘布局及指法。
- 熟悉输入法的使用。

【实训内容】

指法练习熟练并熟悉输入法的使用后，就可以进行中英文录入测试或考核了，本书建议使用"金山打字通 2016"软件。

1. 英文录入练习

①下载、安装"金山打字通 2016"软件并打开，如图 1-25 所示（首次打开须登录，如图 1-26 所示）。

图 1-25　"金山打字通 2016"首页　　　　　图 1-26　"登录"对话框

②点击"英文打字"按钮，选择练习类型（包括"单词练习""语句练习"和"文章练习"）。

③点击"单词练习"按钮，进入如图 1-27 所示的练习窗口。练习过程中，状态栏会实时显示练习结果，如果有输入错误，动态键盘会实时提醒。

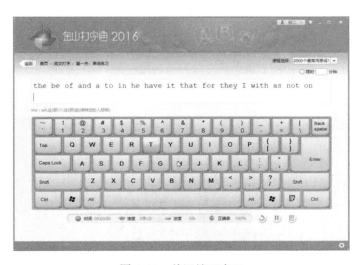

图 1-27　单词练习窗口

④点击状态栏右下角的"测试模式"按钮，进入测试模式，测试结束后会显示结果，如图 1-28 所示。

图 1-28　英文打字测试结果

2. 中文录入练习

①点击图 1-25 中的"拼音打字"或"五笔打字"按钮（这里选择"五笔打字"），选择练习类型（包括"五笔输入法""字根分区及讲解""拆字原则"和"单字练习"等）。

②点击"单字练习"按钮，进入如图 1-29 所示的练习窗口。练习过程中，状态栏会实时显示练习结果，如果有输入错误，动态键盘会实时提醒。

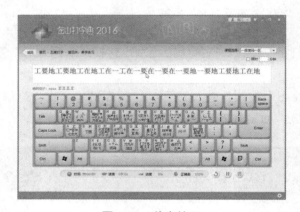

图 1-29　单字练习

③点击状态栏右下角的"测试模式"按钮，进入测试模式，测试结束后即会显示结果，如图 1-30 所示。

图 1-30　五笔打字测试结果

实训 4　Windows 11 基本操作

1-4-1　桌面操作

【实训目的】

- 更改桌面系统图标。
- 排列桌面图标。
- 设置桌面图标。

【实训内容】

1. 观察桌面

Windows 桌面主要由任务栏和桌面图标组成，如图 1-31 所示。

图 1-31　Windows 桌面

2. 练习显示桌面

① 按"Windows 徽标 + D"组合键。

② 点击任务栏最右侧的"显示桌面"按钮。

3. 更改桌面系统图标

将"此电脑""回收站"和"用户的文件"图标添加到桌面，操作步骤如下。

①右击桌面空白位置，在弹出的快捷菜单中选择"个性化"命令，打开"个性化"设置窗口，如图 1-32 所示。

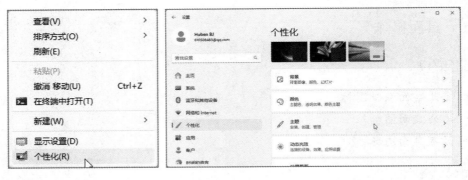

图 1-32 "个性化"设置窗口

②在"个性化"设置窗口右侧点击"主题"选项，打开"主题"设置窗口，如图 1-33 所示。

图 1-33 "主题"设置窗口

图 1-34 "桌面图标设置"对话框

③在"主题"设置窗口中点击"桌面图标设置"选项，打开"桌面图标设置"对话框，如图 1-34 所示。

④在"桌面图标设置"对话框中，选中"计算机""回收站"和"用户的文件"复选框，点击"确定"按钮应用设置并关闭对话框，将"此电脑""回收站"和"用户的文件"图标添加到桌面，如图 1-35 所示。

4. 排列桌面图标

右击桌面空白位置，在弹出的快捷菜单中选

择"排序方式"命令，对桌面图标进行排序，如图 1-36 所示。

图 1-35　设置后的桌面图标

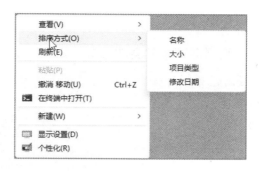

图 1-36　对桌面图标进行排序

5. 设置桌面背景

设置桌面背景的操作步骤如下。

①右击桌面空白位置，在弹出的快捷菜单中选择"个性化"命令，在打开"个性化"设置窗口中点击"背景"选项，打开"背景"设置窗口，如图 1-37 所示。

图 1-37　"背景"设置窗口

②在"个性化设置背景"栏中包括"图片""纯色""幻灯片放映""Windows 聚焦" 4 种背景显示方式。

③选择其中一种，观察桌面背景变化情况，并根据不同的显示方式进一步进行设置桌面背景。

1-4-2　任务栏操作

【实训目的】

- 操作任务栏图标。

● 设置任务栏显示图标。

【实训内容】

1. 查看隐藏的任务栏图标

点击任务栏通知区域中的"显示隐藏的图标"按钮 ，打开隐藏图标菜单，如图 1-38 所示。

图 1-38　打开隐藏图标菜单

2. 选择在系统托盘显示的图标

设置在系统托盘显示图标的操作步骤如下。

①右击任务栏空白位置，在弹出的快捷菜单中选择"任务栏设置"命令，打开"任务栏"设置窗口，点击"系统托盘图标"选项，如图 1-39 所示。

图 1-39　"任务栏"设置窗口

②选择需要在任务栏显示的图标，或者点击"其他系统托盘图标"选项，展开可以在系统托盘显示的图标名称，如图 1-40 所示。

③开 ⬤ 表示相应的应用程序图标显示在任务栏上，关 ⬤ 表示相应的应用程序图标被隐藏。点击状态图标可切换其开关状态。

3. 任务栏行为设置

①在"任务栏"设置窗口中点击"任务栏行为"选项，展开"任务栏行为"列表，如图 1-41 所示。

图 1-40　选择需在任务栏显示的其他任务栏图标

图 1-41　"任务栏行为"列表

②在"任务栏行为"设置列表中，可以对任务栏设置各种行为。

1-4-3　设置"开始"菜单

【实训目的】

- 设置"开始"菜单的布局。
- 设置"开始"菜单显示的内容。

【实训内容】

①在如图 1-32 所示的"个性化"设置窗口中，点击右侧列表区域的"开始"选项，

打开"个性化-开始"窗口，如图 1-42 所示。

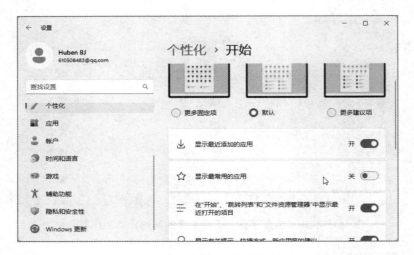

图 1-42　"个性化-开始"窗口

②在右侧上方，根据个人喜好选择"开始"菜单的显示方式。

③在右侧下方列表区域，可以通过"开关"按钮设置最近添加的应用、最常用的应用等。

模 块 二

WPS Office 文字处理

实训 1　新建并编辑活动通知

【实训目的】

- 新建 WPS 文档。
- 中英文内容的输入。
- 对内容进行查找与替换。

【实训内容】

新建名为"2-1.docx"的 WPS 文字文稿，并输入以下内容。

活动通知：1024 金山程序员节

同事们好，一年一度的 1024 金山程序员节又到了，为了鼓励和慰劳程序员们，我们准备了丰富的活动和精美的礼品，具体安排如下：

全员活动：精美下午茶（10 月 22 日下午举行）

程序员专属福利：肩部推拿（需在 10 月 21 日前向行政报名，10 月 22 日下午 YY 大楼 101 会议室举行）

程序员专属礼物：HELLO WORLD 大礼包（10 月 21 日发放，凭工牌领取）

金山行政办公室

2024 年 10 月 18 日

最终效果如图 2-1 所示。

> **活动通知：1024 金山程序员节**
>
> 　　同事们好，一年一度的 1024 金山程序员节又到了，为了鼓励和慰劳程序员们，我们准备了丰富的活动和精美的礼品，具体安排如下：
>
> 　　全员活动：精美下午茶（10 月 22 日下午举行）
>
> 　　程序员专属福利：肩部推拿（需在 10 月 21 日前向行政报名，10 月 22 日下午 YY 大楼 101 会议室举行）
>
> 　　程序员专属礼物：HELLO WORLD 大礼包（10 月 21 日发放，凭工牌领取）
>
> 金山行政办公室
2024 年 10 月 18 日

图 2-1　实训素材 2-1 成品效果

【实训步骤】

步骤 1：在"D:\"建立一个以学号命名的文件夹，然后启动 WPS 文字处理软件。

步骤 2：新建一个 WPS 文字文档，并将文件命名为"2-1.docx"，再将其保存至新建的文件夹中，如图 2-2 所示。

图 2-2　保存新建的文档

步骤 3：按"Ctrl + Shift"组合键循环切换输入法，并选择"搜狗拼音输入法"，输入实训内容要求的汉字和标点符号。

步骤 4：通过数字键盘（或按主键盘区顶部的数字键）在指定位置输入数字，按"Enter"键进行换行。

步骤 5：按"Ctrl + Space"组合键（或按"Shift"键）将输入法切换至英文状态，在指定位置输入英文字母。

步骤 6：按"Shift"键的同时按主键盘区中对应的英文字母键输入大写字母，或按"Caps Lock"键开启大写指示灯，再按主键盘区中对应的英文字母键，也可以输入大写字母。

步骤 7：按"Ctrl + S"组合键对最终文件进行保存，关闭文件"2-1.docx"。

实训 2　编辑新闻稿

【实训目的】

- 文本的常见设置。

- 段落的常见设置。

【实训内容】

打开实训素材文件“2-2.docx”，按以下要求设置文本、段落和页面格式。

（1）将文中所有错词“立刻”替换为“理科”。

（2）将标题段文字（“本市高考录取分数线确定”）设置为三号、红色（标准色）、黑体、居中、加黄色（标准色）底纹。

（3）设置正文各段（“本报讯……8 月 24 日至 29 日。”）首行缩进 2 字符、1.2 倍行距、段前间距 0.2 行；将正文第一段文字（“本报讯……较为少见。”）中的“本报讯”三字设置为楷体、加粗。

（4）保存素材文件，关闭 WPS 应用程序。

最终效果如图 2-3 所示。

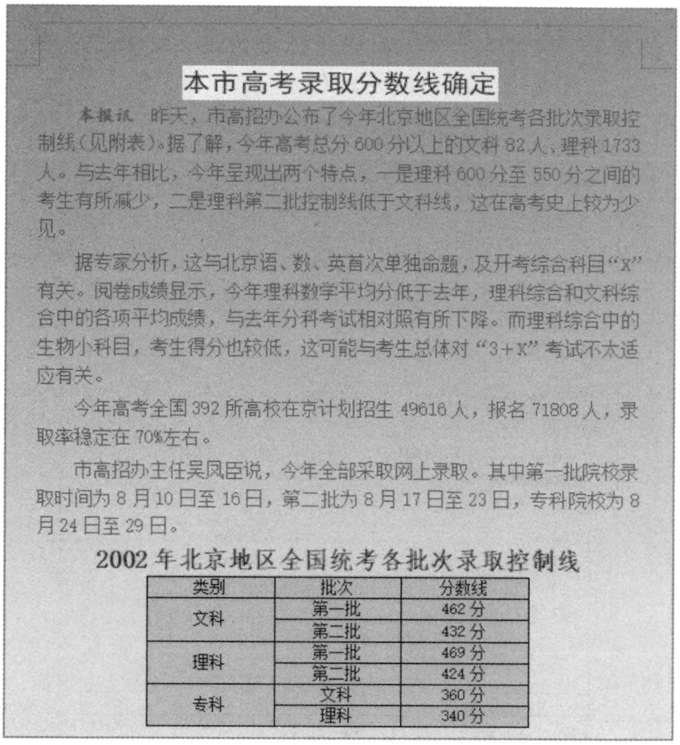

本市高考录取分数线确定

本报讯 昨天，市高招办公布了今年北京地区全国统考各批次录取控制线（见附表）。据了解，今年高考总分 600 分以上的文科 82 人、理科 1733 人。与去年相比，今年呈现出两个特点，一是理科 600 分至 550 分之间的考生有所减少，二是理科第二批控制线低于文科线，这在高考史上较为少见。

据专家分析，这与北京语、数、英首次单独命题，及开考综合科目“X”有关。阅卷成绩显示，今年理科数学平均分低于去年，理科综合和文科综合中的各项平均成绩，与去年分科考试相对照有所下降。而理科综合中的生物小科目，考生得分也较低，这可能与考生总体对“3+X”考试不太适应有关。

今年高考全国 392 所高校在京计划招生 49616 人，报名 71808 人，录取率稳定在 70%左右。

市高招办主任吴凤臣说，今年全部采取网上录取。其中第一批院校录取时间为 8 月 10 日至 16 日，第二批为 8 月 17 日至 23 日，专科院校为 8 月 24 日至 29 日。

2002 年北京地区全国统考各批次录取控制线

类别	批次	分数线
文科	第一批	462 分
	第二批	432 分
理科	第一批	469 分
	第二批	424 分
专科	文科	360 分
	理科	340 分

图 2-3 实训素材 2-2 成品效果

【实训步骤】

步骤 1：打开素材文件“2-2.docx”，选中全部文本（包括标题段），按“Ctrl + F”组合键，打开“查找和替换”对话框，在“查找内容”框中输入“立刻”，在“替换为”

框中输入"理科"，如图 2-4 所示，点击"全部替换"按钮。

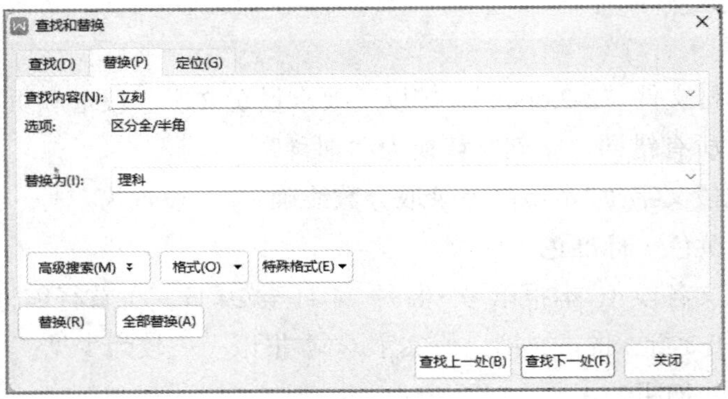

图 2-4 "查找和替换"对话框

步骤 2：选中标题段文字（"本市高考录取分数线确定"），按"Ctrl + D"组合键，打开"字体"对话框，在"字体"选项卡中，设置"字号"为"三号"，设置"中文字体"为"黑体"，设置"字体颜色"为"红色（标准色）"，如图 2-5 所示，最后点击"确定"按钮。

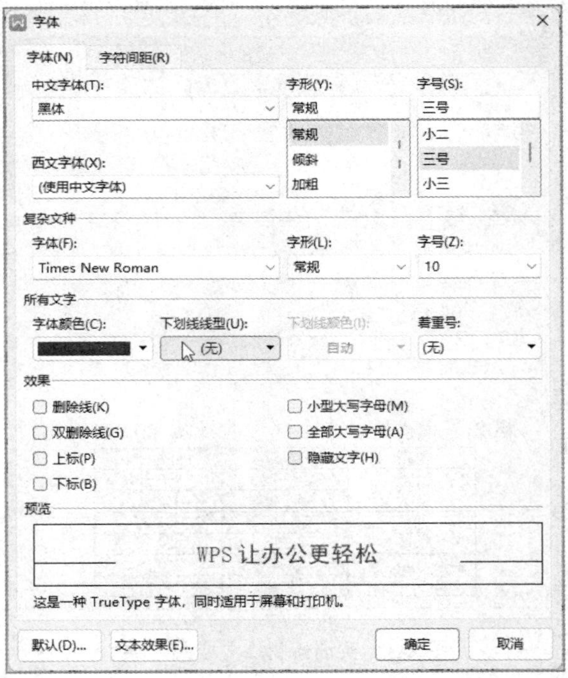

图 2-5 设置字体格式

步骤 3：点击"开始"→"居中"按钮，再次点击"开始"→"底纹颜色"→"黄色（标准色）"菜单命令，如图 2-6 所示。

图 2-6　设置居中和底纹颜色

步骤 4：选中正文各段文字（"本报讯……8 月 24 日至 29 日。"），点击"开始"→"段落"功能区右下角的对话框启动器按钮，打开"段落"对话框，设置"特殊格式"为"首行缩进"，度量值为"2"字符；设置"行距"为"多倍行距"，设置值为"1.2"倍；段前间距设置为"0.2"行，如图 2-7 所示，点击"确定"按钮。

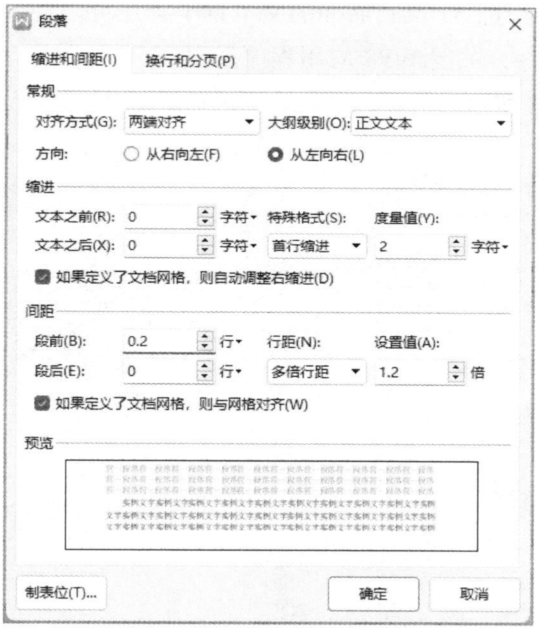

图 2-7　设置段落格式

步骤 5：选中正文第一段文字（"本报讯"三个字），按"Ctrl + D"组合键，打开"字体"对话框，在"字体"选项卡中设置"中文字体"为"楷体"，"字形"为"加粗"，点击"确定"按钮。

步骤 6：按"Ctrl + S"组合键对最终文件进行保存，关闭文件"2-2.docx"。

实训 3　美化行业研究报告

【实训目的】

- 图片的插入及其常见设置。

● 页面的常见设置。

【实训内容】

打开实训素材文件"2-3.docx"，按以下要求设置文本、段落和页面格式。

（1）在第一段（"本文以 2012 年修订的……上市的 88 家（见下图）。"）下面插入位于素材文件夹下的图片"分布图.jpg"，图片文字环绕为"上下型"，位置"随文字移动"，不锁定纵横比，相对原始图片大小：高度缩放 80%，宽度缩放 90%。

（2）设置页面上、下、左、右页边距分别为 2.3 厘米、2.3 厘米、3.2 厘米和 2.8 厘米，装订线位于左侧 0.5 厘米处；插入分页符使第四段（"本文选取 145 家……描述了输入数据的统计性描述："）及其后面的文本置于第二页。

（3）保存素材文件，关闭 WPS 应用程序。

最终效果如图 2-8 所示。

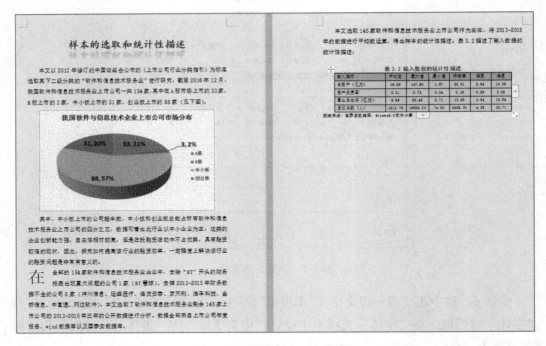

图 2-8　实训素材 2-3 成品效果

【实训步骤】

步骤 1：打开素材文件"2-3.docx"，将光标置于正文第一段（"本文以 2012 年修订……上市的 88 家（见下图）。"）下面的空段处。

步骤 2：点击"插入"→"图片"按钮，在打开的"插入图片"对话框中，找到素材文件夹下的素材文件"分布图.jpg"并选中，如图 2-9 所示，点击"打开"按钮。

图 2-9　插入"分布图.jpg"

步骤 3：选中图片，点击图片右上角的"布局选项"按钮，再点击"查看更多"链接，弹出"布局"对话框，在"文字环绕"选项卡中，选中"环绕方式"→"上下型"，在"位置"选项卡中，选中"选项"→"对象随文字移动"前复选框，在"大小"选项卡中，取消选中"缩放"组下方"锁定纵横比（A）"复选框，将高度改为"80%"，宽度改为"90%"，如图 2-10 所示，点击"确定"按钮。

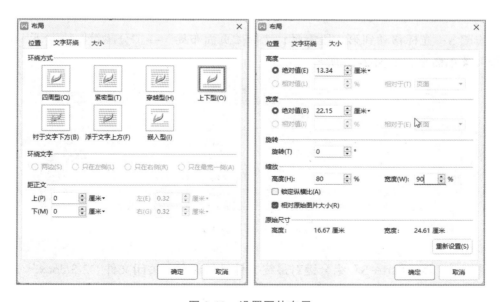

图 2-10　设置图片布局

步骤 4：点击"页面布局"→"页面设置"功能区右下角的对话框启动器按钮，弹出"页面设置"对话框，在"页边距"选项卡"页边距"组中，将上、下、左、右页边距分别改为"2.3 厘米""2.3 厘米""3.2 厘米""2.8 厘米"，设置装订线位置为"左"，设置"装订线宽"为"0.5 厘米"，如图 2-11 所示，点击"确定"按钮。

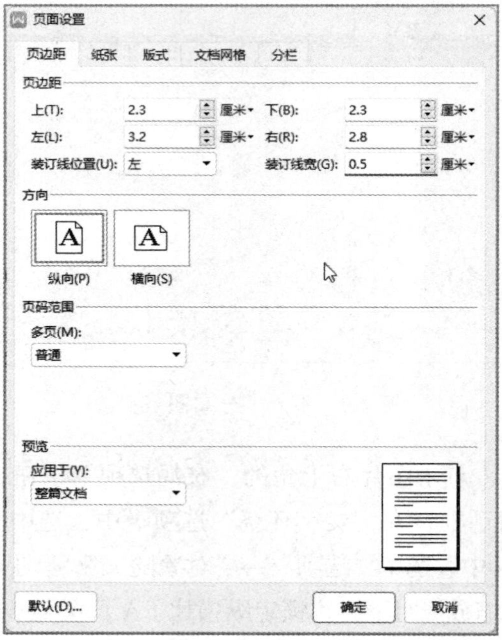

图 2-11　页面设置

步骤 5：光标移动到第三段末尾，选择"页面布局"→"分隔符"→"下一页分节符"菜单命令，如图 2-12 所示。

图 2-12　插入分页符

步骤 6：按"Ctrl + S"组合键对最终文件进行保存，关闭文件"2-3.docx"。

实训 4　美化中超赛事分析文案

【实训目的】

- 页码的插入及设置。

- 页面颜色的填充及设置。
- 文档属性的设置。

【实训内容】

打开实训素材文件"2-4.docx",按以下要求设置文档的页面效果。

（1）在页脚居中插入页码，设置页码编号格式为"甲，乙，丙"，起始页码为"丙"；

（2）将页面颜色的填充效果设置为"图案/小纸屑，前景颜色/深灰绿、着色 3、浅色 80%，背景颜色/巧克力黄、着色 6、浅色 80%"；为页面添加 1 磅、深红色（标准色）、"方框"型边框；

（3）编辑文档属性信息：标题"中超第 27 轮前瞻"，单位"NCRE"。

（4）保存素材文件，关闭 WPS 应用程序。

最终效果如图 2-13 所示。

图 2-13 实训素材 2-4 成品效果

【实训步骤】

步骤 1：打开素材文件"2-4.docx"，切换至"插入"选项卡，点击"页码"下拉按钮，选择"页脚中间"选项，如图 2-14 所示，点击页脚区域的"页码设置"按钮，选择"样式"为"甲、乙、丙…"，点击"确定"按钮，继续点击"重新编号"按钮，将页面编号设置为"3"，如图 2-15 所示。

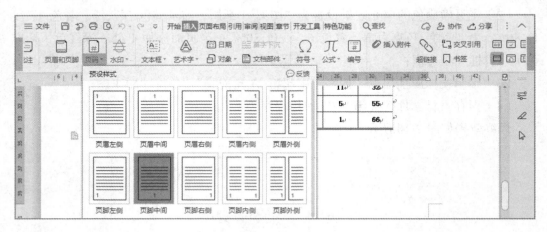

图 2-14　在页脚中间插入页码

图 2-15　设置页码格式

步骤 2：切换至"页面布局"选项卡，点击"背景"→"其他背景"→"图案"菜单命令，弹出"填充效果"对话框，将"图案"更改为"小纸屑"，前景颜色改为"深灰绿、着色 3、浅色 80%"，背景颜色改为"巧克力黄、着色 6、浅色 80%"，如图 2-16所示，点击"确定"按钮。

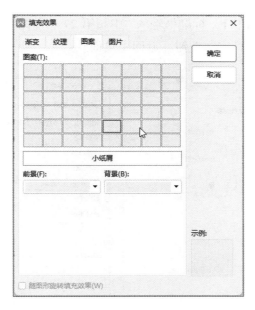

图 2-16　设置页面填充效果

步骤 3：点击"页面边框"按钮，弹出"边框和底纹"对话框，在"页面边框"选项卡中设置为"方框"型边框，宽度改为"1 磅"，颜色改为"深红色（标准色）"，如图 2-17 所示，点击"确定"按钮。

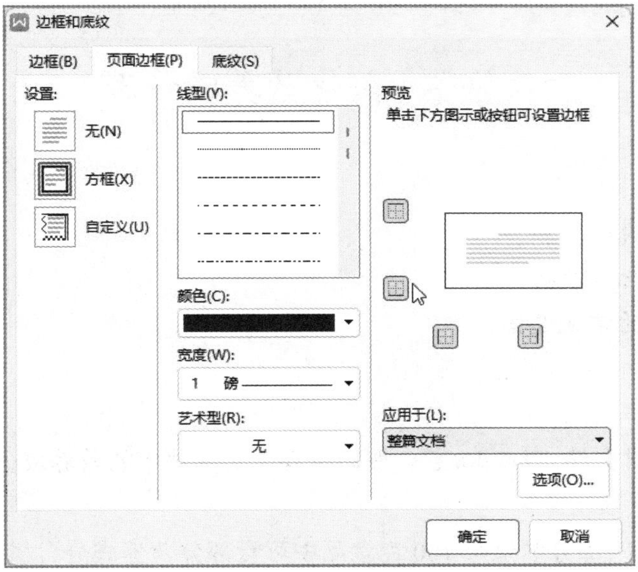

图 2-17　设置页面边框

步骤 4：点击"文件"→"文档加密"→"属性"菜单命令，弹出"×××属性"

对话框，在"摘要"选项卡下，标题框输入"中超第 27 轮前瞻"，单位框输入"NCRE"，如图 2-18 所示，点击"确定"按钮，返回主页面。

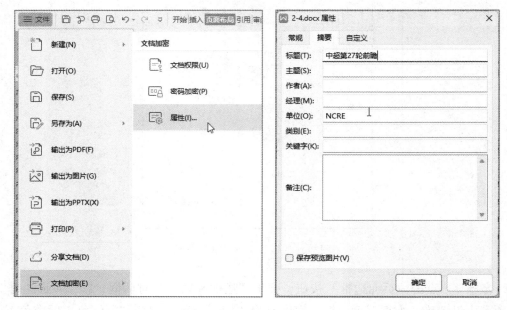

图 2-18　设置文档属性

步骤 5：按"Ctrl + S"组合键对最终文件进行保存，关闭文件"2-4.docx"。

实训 5　美化营养成分表

【实训目的】

- 练习超链接的添加。
- 将文本转化成表格。
- 学习表格的常见设置。

【实训内容】

打开实训素材文件"2-5.docx"，按以下要求对文档中的营养成分含量一览表进行美化。

（1）为表题（"部分水果每 100 克食品中可食部分营养成分含量一览表"）添加超链接"http://www.baidu.com.cn"；

（2）将文中最后 12 行文本转换为 12 行 6 列的表格；用内置样式"主题样式 1-强调 1"修饰表格；设置表格居中、表格中第一行和第一列的内容水平居中、其余内容中部右对齐；设置表格列宽为 2 厘米、行高为 0.6 厘米；设置表格单元格的左边距为 0.1 厘米、右边距为 0.4 厘米；

（3）用表格第一行设置表格"重复标题行"；按主要关键字"糖类（克）"、依据"数字"类型升序，次要关键字"VC（毫克）"、依据"数字"类型降序排列表格内容；

（4）保存素材文件，关闭 WPS 应用程序。

最终效果如图 2-19 所示。

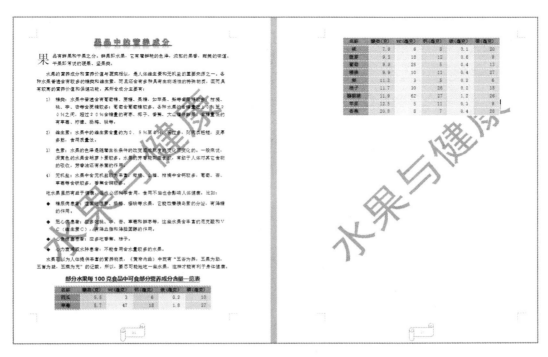

图 2-19　实训素材 2-5 成品效果

【实训步骤】

步骤 1：打开素材文件"2-5.docx"，选中表题文字"部分水果……一览表"并右击，在弹出的快捷菜单选择"超链接"命令，打开"插入超链接"对话框，如图 2-20 所示，在底部"地址"栏框中输入"http://www.baidu.com.cn"，点击"确定"按钮。

步骤 2：选中文中最后 12 行文本，切换到"插入"选项卡，点击"表格"→"文本转换成表格"命令按钮，在弹出的对话框中点击"确定"按钮，如图 2-21 所示。

步骤 3：切换到"表格样式"选项卡，展开表格样式功能区，在"最佳匹配"选项卡下选择"主题样式 1-强调 1"样式，如图 2-22 所示。

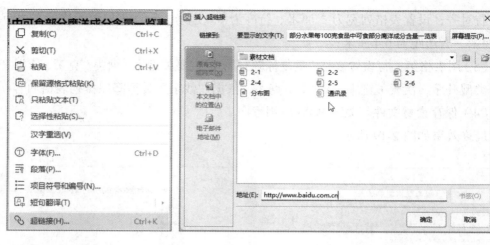

图 2-20　添加超链接

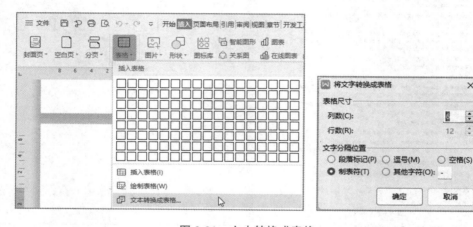

图 2-21　文本转换成表格

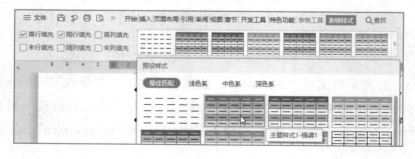

图 2-22　设置表格样式

　　步骤 4：切换到"开始"选项卡，点击"段落"功能区中的"居中"按钮。选中表格第一行，再次点击"居中"按钮，同理，设置表格第一列的文本为居中对齐。选中表格内的其余单元格，切换到"表格工具"选项卡，点击"对齐方式"→"中部右对齐"命令按钮。

　　步骤 5：选中整张表格，调整表格列宽为"2 厘米"，行高为"0.6 厘米"。右击选中的表格，选择"表格属性"命令，打开"表格属性"对话框，切换至"单元格"选项卡，点击"选项"按钮，打开"单元格选项"对话框，取消选中"与整张表格相同"复选框，再将左边距设置为"0.1 厘米"，右边距设置为"0.4 厘米"，两次点击"确定"按钮，如图 2-23 所示。

　　步骤 6：选中表格第一行，在"表格工具"选项卡下点击"标题行重复"按钮，如图 2-24 所示。

　　步骤 7：选中整张表格，点击"排序"按钮，打开"排序"对话框，选择"糖类（克）"为主要关键字，类型选择"数字"，升序，选择"VC（毫克）"为次要关键字，类型选择"数字"，升序，如图 2-25 所示，点击"确定"按钮。

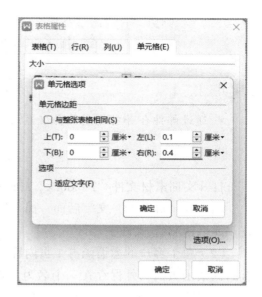

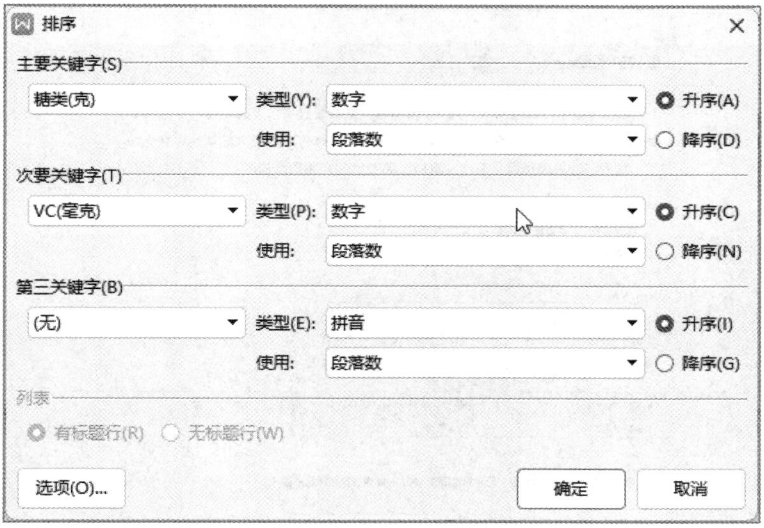

图 2-23　设置单元格选项

图 2-24　设置标题行重复

图 2-25　设置排序方式

　　步骤 8：按"Ctrl + S"组合键对最终文件进行保存，关闭文件"2-5.docx"。

实训 6　制作会议邀请函

【实训目的】

- 通过邮件合并功能制作会议邀请函。

【实训内容】

打开实训素材文件“2-6.docx”，按以下要求制作会议邀请函。

（1）在“尊敬的”文字后面，插入拟邀请的客户姓名和称谓。拟邀请的客户姓名在“通讯录.xls”文件中。

（2）每个客户的邀请函占 1 页内容，且每页邀请函中只能包含 1 位客户姓名，所有的邀请函页面另外保存在一个名为“WPS-邀请函.docx”文件中。如果需要，删除“WPS-邀请函.docx”文件中的空白页面。

（3）本次会议邀请的客户均来自台资企业，因此，将“WPS-邀请函.docx”中的所有文字内容设置为繁体中文格式，以便于客户阅读。

（4）文档制作完成后，分别保存“2-6.docx”文件和“WPS-邀请函.docx”文件。

（5）保存素材文件，关闭 WPS 应用程序。

最终效果如图 2-26 所示。

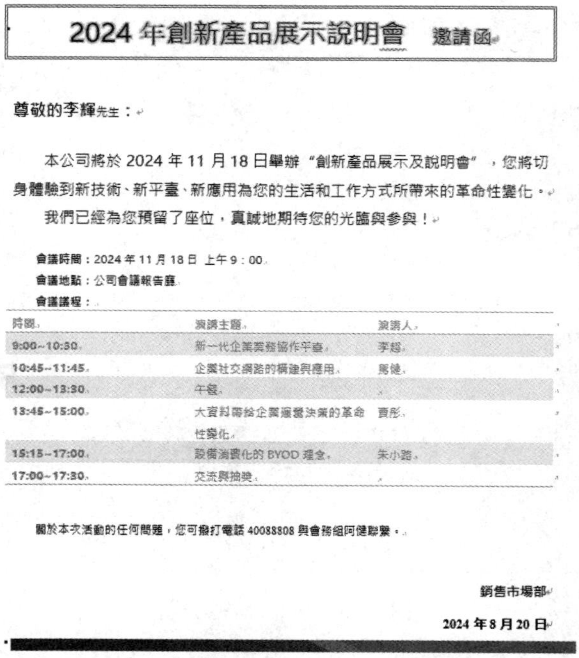
2024 年創新產品展示說明會　邀請函

尊敬的李輝先生：

本公司將於 2024 年 11 月 18 日舉辦“創新產品展示及說明會”，您將切身體驗到新技術、新平臺、新應用為您的生活和工作方式所帶來的革命性變化。

我們已經為您預留了座位，真誠地期待您的光臨與參與！

會議時間：2024 年 11 月 18 日 上午 9：00

會議地點：公司會議報告廳

會議議程：

時間	演講主題	演講人
9:00~10:30	新一代企業業務協作平臺	李超
10:45~11:45	企業社交網路的構建與應用	馬健
12:00~13:30	午餐	
13:45~15:00	大資料帶給企業運營決策的革命性變化	賈彤
15:15~17:00	設備消費化的 BYOD 理念	朱小路
17:00~17:30	交流與抽獎	

關於本次活動的任何問題，您可撥打電話 40088808 與會務組阿健聯繫。

銷售市場部

2024 年 8 月 20 日

图 2-26　实训素材 2-6 成品效果

【实训步骤】

步骤 1：打开素材文件"2-6.docx"，将光标定位在"尊敬的"和"先生"之间，点击"引用"→"邮件"按钮，如图 2-27 所示。

图 2-27 设置邮件合并

步骤 2：点击"邮件合并"→"打开数据源"→"打开数据源"菜单命令，在"选取数据源"对话框中找到文件夹下的"通讯录.xls"文件并选中，点击"打开"按钮，如图 2-28 所示。

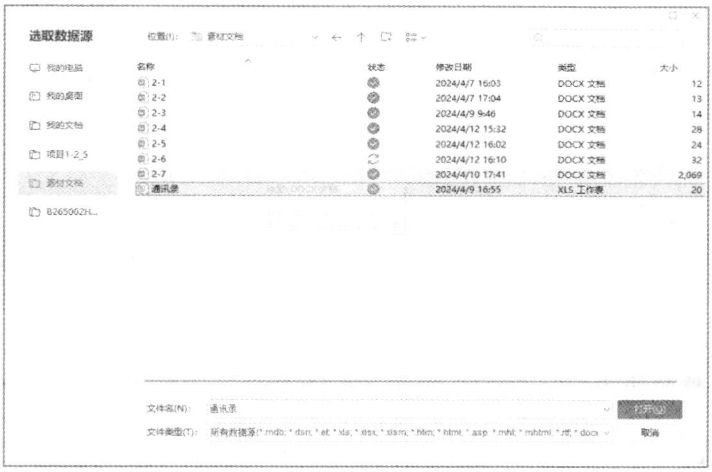

图 2-28 选取邮件合并数据源

步骤 3：点击"邮件合并"→"插入合并域"菜单命令，打开"插入域"对话框，选中"姓名"项，点击"插入"按钮，继续点击"关闭"按钮，如图 2-29 所示。

步骤 4：点击"邮件合并"→"合并到新文档"菜单命令，在打开的对话框中，直接点击"确定"按钮，生成新的 WPS 文档，注意检查文档中有没有多余的空页，如果有则直接删除该空页。

步骤 5：按"F12"键（或选择"文件"→"另存为"命令），将新生成的文档保

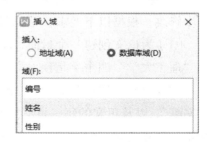

图 2-29 插入合并域

存至指定文件夹下，命名为"WPS-邀请函.docx"。

步骤 6：点击"审阅"→"简转繁"按钮，将文档中的简体中文转化为繁体中文，如图 2-30 所示。

图 2-30　简转繁

步骤 7：按"Ctrl + S"组合键对最终文件进行保存，关闭文件"2-6.docx"和"WPS-邀请函.docx"。

实训 7　美化硕士毕业论文

【实训目的】

- 封面的插入与编辑。
- 对文档进行分节。
- 页眉与页脚的设置。
- 样式在文档中的应用。
- 题注在文档中的应用。
- 目录的插入。
- PDF 文件的输出。

【实训内容】

打开实训素材文件"2-7.docx"，后续操作均基于此文件。

李明撰写了硕士毕业论文（论文已做脱密和结构简化处理），论文的排版还需要进一步修改，根据以下要求，帮助其完善对论文进行排版的工作。

（1）为论文创建一个封面，效果请参考素材文件夹下的图片"封面参考"，封面中的"理工大学"四个字是预设样式为"填充-黑色，文本 1，阴影"的艺术字。

（2）对文档进行分节，使"封面""摘要""目录""图目录""表目录""致谢""参考文献"，以及正文的每一章（共 5 章）各部分的内容都位于独立的节中且从新的一页开始，标题均始终位于首行；删除文档中的所有空行。

（3）按照下面要求对论文中的样式进行设置：

①文中所有"正文"样式的中文字体设置为"新宋体"，西文字体设置为"Arial"。

②为文档中所有蓝色标记的章标题，如"摘要""1 绪论"等，设置为"标题 1"样式，并修改"标题 1"样式的中文字体为"微软雅黑"，西文字体为"Arial Black"，三号字、加粗，颜色为"黑色，文本 1"，段落对齐方式为"居中对齐"，段落特殊格式设置为无，行距为固定值 20 磅，段前、段后间距均为 1 行。

③为文档中所有绿色标记的节标题，如"1.1 课题研究背景""1.2 入侵检测系统发展与研究现状"等，设置为"标题 2"样式，并修改"标题 2"样式的中文字体为"微软雅黑"，西文字体为"Arial Black"，小四号字、加粗，颜色为"黑色，文本 1"，1.25 倍行距，段前、段后间距分别为 0.5 行和 0 行。

④为文档中所有红色标记的条标题，如"1.1.1 Internet（国际互联网）发展迅速""1.1.2 信息安全问题日益突出"等，设置为"标题 3"样式，并修改"标题 3"样式的中文字体为"宋体"，五号字，颜色为"黑色，文本 1"，单倍行距，段前、段后间距均为 0.25 行。

（4）将论文中所有标题的手动编号全部替换为自动编号，并按照表 2-1 所示要求修改编号格式：

表 2-1　编 号 要 求

标题级别	编号格式	编号数字	示例
1（章标题）	第①章	1，2，3	第 1 章、第 2 章
2（节标题）	①.②	1，2，3	1.1、1.2
3（条标题）	①.②.③	1，2，3	1.1.1、1.1.2

①各级编号后以空格代替制表符与标题文本隔开。

②节标题在章标题之后重新编号，条标题在节标题之后重新编号。

（5）按照下面的要求对论文中所有图片的格式进行设置：

①新建一个"图片"样式，样式基于"纯文本"，段落对齐方式为"居中对齐"、段落特殊格式设置为无、行距设置为 1.1 倍。

②为文档中所有图片都应用"图片"样式。

③使用题注功能，将文档中所有图片下方图标题中的手动编号按照顺序全部替换，以便其编号可以自动排序和更新，且编号格式为"1，2，3"、包含章节编号、用"连字符"作为分隔符。

④修改"题注"样式的段落对齐方式为"居中对齐"、段落特殊格式设置为无、单倍行距、段后 5 磅。

⑤使用交叉引用功能，修改正文中对于图标题的引用（引用内容为"只有标签和编号"），以便这些引用能够在图标题编号发生变化的时候可以自动更新。

（6）使用题注功能，将文档中所有表格上方表标题中的手动编号按照顺序全部替换，以便其编号可以自动排序和更新，且编号格式为"1，2，3"、包含章节编号、用

"连字符"作为分隔符。

（7）按照下面的要求为论文设置页眉和页脚：

①封面不显示页眉页脚。

②所有页眉添加双波浪线的页眉横线。

③修改"页眉"样式的字体大小为五号，段落对齐方式为"居中对齐"、段落特殊格式设置为无；修改"页脚"样式的段落对齐方式为"居中对齐"、段落特殊格式设置为"无"。

④在页脚正中插入页码，摘要、目录、图目录和表目录页连续编号，页码格式为Ⅰ，Ⅱ，Ⅲ；正文以及参考文献部分连续编号，页码格式为"第一页"且起始页码为1。

⑤5 个正文章节的偶数页页眉显示当前所在章节的段落编号和名称，奇数页页眉显示"理工大学硕士毕业论文"。

⑥其他节的页眉显示当前所在章节的名称。

（8）按照下面的要求为论文设置目录：

①在"目录"文字后插入目录，替换"请在此插入目录"的文字，目录显示级别为 3 级、显示页码、页码右对齐、使用超链接。

②在"图目录"文字后插入图目录，替换"请在此插入图目录"的文字，目录显示页码、页码右对齐、使用超链接。

③在"表目录"文字后插入表目录，替换"请在此插入表目录"的文字，目录显示页码、页码右对齐、使用超链接。

（9）请在保存"WPS.docx"文档后，将文档输出为 PDF 文件，存放在考生文件夹下并命名为"硕士毕业论文.pdf"。

最终效果如图 2-31 所示。

【实训步骤】

（1）设计封面

步骤 1：打开素材文件"2-7.docx"，将光标移动到"摘要"前，切换至"插入"选项卡，点击"封面页"按钮，在展开的列表区域选择"预设封面页"中的第 1 个样式，如图 2-32 所示。调整封面页表格中的部分行高，使其显示于一页。删除"替换 LOGO"文本框，点击"艺术字"按钮，在展开的列表区域，选择"填充-黑色，文本 1，阴影"艺术字，输入"理工大学"并将其选中，打开"段落"对话框，将特殊格式设置为"无"，点击"确定"按钮。切换至"绘图工具"选项卡，点击"对齐"→"水平居中"菜单命令。

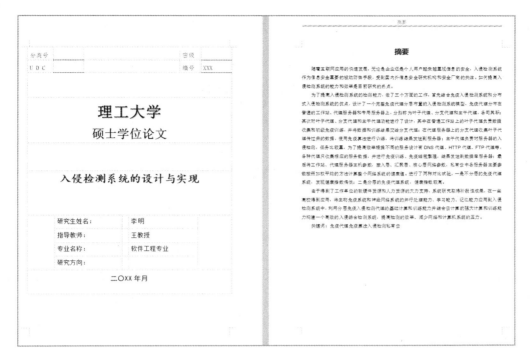

图 2-31　实训素材 2-7 成品效果

图 2-32　插入封面

　　步骤 2：将"请输入论文标题"的文本内容改为"入侵检测系统的设计与实现"。

　　步骤 3：光标定位到"研究生姓名"右侧空白栏中，输入文字"李明"，将光标定位到第二行并右击，点击"删除单元格"菜单命令，打开"删除单元格"对话框，选中"删除整行"并点击"确定"按钮。根据素材文件夹中"封面参考"文件所示，在其他单元格中依次输入对应文字。

　　（2）版面调整

　　步骤 1：将光标定位在"目录"前，切换至"页面布局"选项卡，点击"分隔符"→"下一页分节符"菜单命令，插入分节符，如图 2-33 所示。

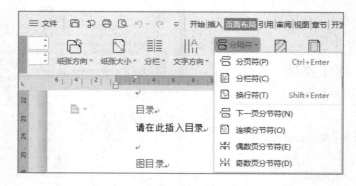

图 2-33　插入分节符

步骤 2：重复上述步骤，分别将图目录、表目录、1 绪论、2 相关技术、3 系统总体设计、4 详细设计和实现、5 总结与展望、致谢、参考文献进行分节。

步骤 3：切换到"开始"选项卡，点击"文字工具"→"删除"→"删除空段"菜单命令，如图 2-34 所示。

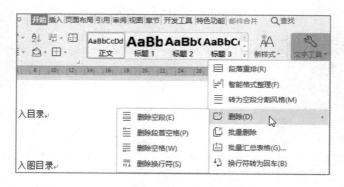

图 2-34　执行"删除空段"菜单命令

（3）设置正文格式

步骤 1：切换到"开始"选项卡，在"样式"功能区中的"正文"样式处右击，选择"修改样式"菜单命令，弹出"修改样式"对话框，点击"格式"→"字体"菜单命令，打开"字体"对话框，将中文字体设置为"新宋体"，西文字体设置为"Arial"，如图 2-35 所示，再两次点击"确定"按钮。

步骤 2：右击"标题 1"样式，选择"修改样式"菜单命令，弹出"修改样式"对话框，点击"格式"→"字体"菜单命令，打开"字体"对话框，设置中文字体为"微软雅黑"，西文字体为"Arial Black"，字号为"三号"，字形为"加粗"，字体颜色为"黑色，文本 1"，点击"确定"按钮。再次点击"格式"→"段落"菜单命令，打开

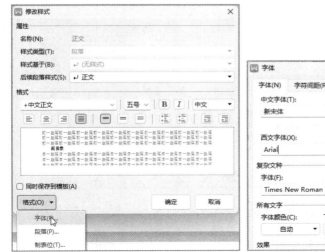

图 2-35　设置"正文"样式字体

"段落"对话框，设置对齐方式为"居中对齐"，特殊格式为"无"，行距为"固定值""20 磅"，段前、段后间距均为"1 行"，两次点击"确定"按钮。

步骤 3：右击"标题 2"样式，在弹出的快捷菜单中选择"修改样式"菜单命令，弹出"修改样式"对话框，点击"格式"→"字体"菜单命令，打开"字体"对话框，设置中文字体为"微软雅黑"，西文字体为"Arial Black"，字号为"小四号"，字形为"加粗"，字体颜色为"黑色，文本 1"，点击"确定"按钮。再次点击"格式"→"段落"菜单命令，打开"段落"对话框，设置行距为"多倍行距""1.25 倍"，段前、段后间距分别为"0.5 行""0 行"，两次点击"确定"按钮。

步骤 4：右击"标题 3"样式，在弹出的快捷菜单中选择"修改样式"菜单命令，弹出"修改样式"对话框，点击"格式"→"字体"菜单命令，打开"字体"对话框，设置中文字体为"宋体"，字号为"五号"，字体颜色为"黑色 文本 1"，点击"确定"按钮。再次点击"格式"→"段落"菜单命令，打开"段落"对话框，设置行距为"单倍行距"，段前、段后间距均为"0.25 行"，两次点击"确定"按钮。

步骤 5：按"Ctrl + F"组合键，打开"查找和替换"对话框，在"替换"选项卡中，将光标定位在"查找内容"文本框中，点击"格式"→"字体"菜单命令，在打开的"字体"对话框中将字体颜色改为"蓝色"，点击"确定"按钮。再将光标定位在"替换为"文本框中，点击"格式"→"样式"菜单命令，打开"替换和查找"对话框，在下方列表区域找到并选中"标题 1"，点击"替换"按钮，继续点击"全部替换"按钮，如图 2-36 所示。

步骤 6：继续将光标定位在"查找内容"文本框中，点击"格式"→"字体"菜单命令，在打开的"字体"对话框中，将字体颜色改为"绿色"，点击"确定"按钮。

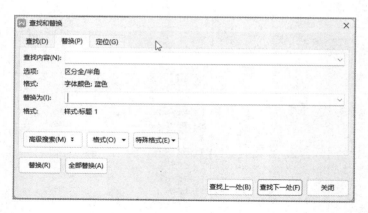

图 2-36　为蓝色文字快速应用样式

再将光标定位在"替换为"文本框中，点击"格式"→"样式"菜单命令，打开"查找和替换"对话框，在下方列表区域找到并选中"标题 2"，点击"替换"按钮，继续点击"全部替换"按钮。

步骤 7：继续将光标定位在"查找内容"文本框中，点击"格式"→"字体"菜单命令，在打开的"字体"对话框中，将字体颜色改为"红色"，点击"确定"按钮。再将光标定位在"替换为"文本框中，点击"格式"→"样式"菜单命令，打开"替换样式"对话框，在下方列表区域找到并选中"标题 3"，点击"确定"按钮，继续点击"全部替换"按钮。

（4）设置各级标题

步骤 1：将光标定位在"摘要"行，切换到"开始"选项卡，点击"编号"→"自定义编号"菜单命令，打开"项目符号和编号"对话框，切换至"多级编号"选项卡，在列表区域选中第二行第 4 个样式，点击"自定义"按钮，打开"自定义多级编号列表"对话框，选中"级别 1"，将"编号格式"改为"第①章"，点击"高级"按钮，将"编号之后"设置为"空格"。选中"级别 2"，去掉"编号格式"最后的"."，将"编号之后"设置为"空格"。选中"级别 3"，去掉编号格式最后的"."，将"编号之后"设置为"空格"，点击"确定"按钮，如图 2-37 所示。

步骤 2：将光标定位在"摘要"行，点击"编号"→"无"菜单命令，重复该步骤，去掉图目录、表目录、致谢、参考文献前的编号。

步骤 3：切换至"开始"选项卡，点击"段落"功能区中的"显示/隐藏编辑标记"按钮，选中"显示/隐藏段落标记"复选框，按"Ctrl＋H"组合键，将光标定位在"查找内容"文本框中，点击"格式"→"清除格式设置"菜单命令，点击"格式"→"样式"菜单命令，选中"标题 1"，点击"确定"按钮，点击"格式"→"特殊格式"→"任意数字"菜单命令，再手动输入两个空格，将光标定位在"替换为"文本框中，清除格式设置后，点击"全部替换"按钮，点击"确定"按钮，如图 2-38 所示。删除"查找内容"框后面的一个空格，点击"全部替换"按钮，点击"确定"按钮，继续删除"查找内容"框中的一个空格，点击"全部替换"按钮，点击"确定"按钮。最后关闭"查找和替换"对话框。

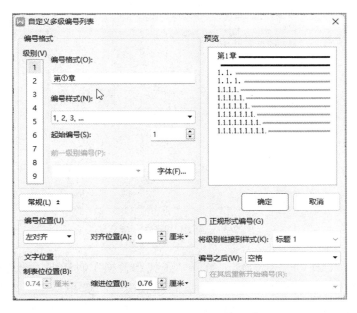

图 2-37　设置多级编号的样式

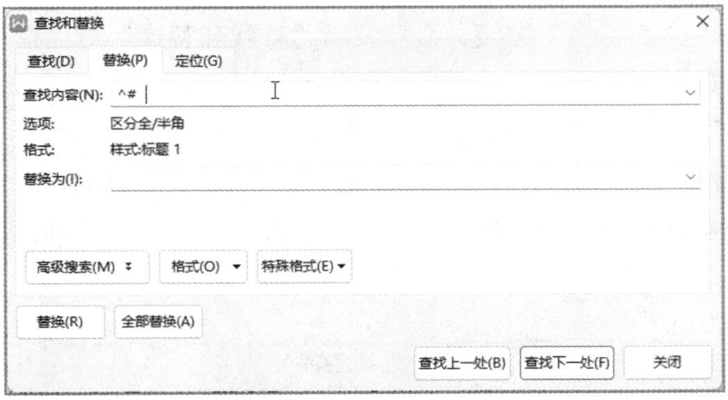

图 2-38　删除自动编号后的空格字符

步骤 4：重复步骤 3，继续删除标题 2 和标题 3 对应文本编号后的空格。

（5）插入图片

步骤 1：点击"样式"功能区右下角的下拉箭头，在展开的下拉列表中点击"新建样式"菜单命令，打开"新建样式"对话框，设置"名称"为"图片"，"样式基于"为"纯文本"，如图 2-39 所示。点击"格式"→"段落"菜单命令，打开"段落"对话框，设置对齐方式为"居中对齐"，特殊格式为"无"，行距为"多行距""1.1 倍"，两次点击"确定"按钮。

图 2-39　新建"图片"样式

　　步骤 2：按"Ctrl + F"组合键，打开"查找和替换"对话框，将光标定位在"查找内容"文本框中，点击"格式"→"清除格式设置"菜单命令，继续点击"特殊格式"→"图形"菜单命令，再将光标移动到"替换为"文本框中，点击"格式"→"样式"菜单命令，在打开的"查找与替换"对话框中，选中"图片"样式，点击"确定"按钮，点击"全部替换"按钮，最后关闭"查找和替换"对话框。

　　步骤 3：找到文档中的第 1 张图片，删除图片下方的"图 1-1"，点击"引用"选项卡下的"题注"按钮，打开"题注"对话框，将标签修改为"图"（注，如果标签下拉列表中没有"图"项，可点击下面的"新建标签"按钮进行新建），点击"编号"按钮，在打开的"题注编号"对话框中，选中"包含章节编号"复选框，两次点击"确定"按钮，如图 2-40 所示。

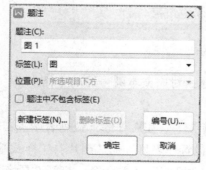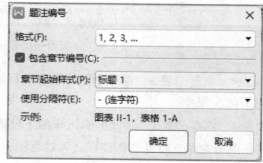

图 2-40　为图片插入题注

　　步骤 4：重复步骤 3，为其余图片设置题注。

步骤 5：切换到"开始"选项卡，找到样式功能区的"题注"样式并右击，在弹出的快捷菜单中选择"修改样式"命令，在打开的对话框中，点击"格式"→"段落"菜单命令，在打开的"段落"对话框中，设置对齐方式为"居中对齐"，特殊格式为"无"，段后间距为"5 磅"，两次点击"确定"按钮，如图 2-41 所示。

步骤 6：找到文档中的第 1 张图片，选中图片上方的"图 1-1"，点击"引用"→"交叉引用"菜单命令，打开"交叉引用"对话框，将"引用类型"改为"图"，"引用内容"改为"只有标签和编号"，选中下方列表中的"图 1-1 IDS 结构框架"，点击"插入"按钮，继续点击"取消"按钮，如图 2-42 所示。

图 2-41　设置题注段落格式　　　　图 2-42　插入"交叉引用"

步骤 7：重复步骤 6，为其余图片上方的文字设置交叉引用。

注意：在设置交叉引用时，要注意仔细查找文中引用图片的文字，可能出现在图片上方，也有可能出现在图片下方（注意不是图片的题注）。

（6）设置页眉页脚

步骤 1：双击页面上方空白处，点击"页眉和页脚"→"页眉页脚选项"按钮，在打开的"页眉/页脚设置"对话框中，选中"奇偶页不同"复选框，如图 2-43 所示，点击"确定"按钮。

步骤 2：将光标定位在"摘要"页的页眉处，点击"同前节"按钮使该按钮处于取消选中的状态，再将光标定位在"摘要"页的页脚处，点击"同前节"按钮使该按钮处于取消选中的状态，如图 2-44 所示。同理，取消目录页、致谢页、参考文献页、第 1 章对应页眉与页脚的同前节。

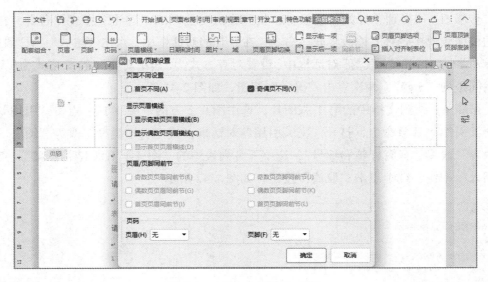

图 2-43　设置"奇偶页不同"

图 2-44　取消"摘要"页的"同前节"

步骤 3：点击"页眉横线"→"双波浪线"，为"第 1 章"对应页眉添加双波浪线，如图 2-45 所示，同理，为参考文献页、致谢页、目录页、摘要页页眉添加双波浪线。

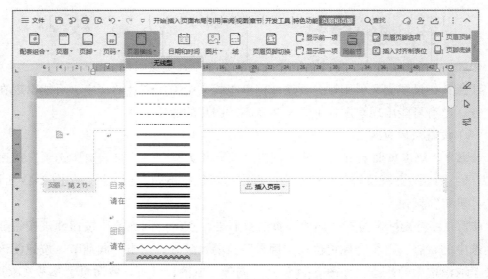

图 2-45　为页眉添加双波浪线

步骤 4：切换至"开始"选项卡，找到"样式"功能区中的"页眉"并右击，在弹出的快捷菜单中选择"修改样式"，在打开的"修改样式"对话框中，点击"格式"→"字体"菜单命令，在打开的对话框中，设置字号为"五号"，点击"确定"按钮，继续点击"格式"→"段落"菜单命令，在打开的对话框中设置对齐方式为"居中对齐"，特殊格式为"无"，两次点击"确定"按钮。

步骤 5：找到"样式"功能区中的"页脚"并右击，在弹出的快捷菜单中选择"修改样式"，继续点击"格式"→"段落"菜单命令，设置对齐方式为"居中对齐"，特殊格式为"无"，两次点击"确定"按钮。

步骤 6：将光标定位在摘要页，点击"页眉和页脚"→"页码"→"页脚中间"菜单命令，再将样式改为"Ⅰ，Ⅱ，Ⅲ…"，应用范围为"本页及之后"，如图 2-46 所示。

图 2-46　设置页码格式

步骤 7：找到"第 1 章　绪论"页的页码，修改其样式为"1，2，3…"，应用范围为"本页及之后"。

步骤 8：在"第 1 章　绪论"页的奇数页页眉处，手动输入"理工大学硕士毕业论文"，在将光标定位至"第 1 章　绪论"页的偶数页页眉处，点击"插入"→"文档部件"→"域"菜单命令，如图 2-47 所示。在打开的"域"对话框中，选中左侧列表中的"样式引用"，样式名改为"标题 1"，选中"插入段落编号"复选框，点击"确定"按钮，如图 2-48 所示。继续插入名为标题 1 的样式引用（此次不选中"插入段落编号"复选框）。

图 2-47　"插入域"菜单命令

图 2-48　设置偶数页页眉

步骤 9：重复步骤 8 中插入名称为标题 1 的样式引用（不选中"插入段落编号"复选框），分别设置摘要页、目录页、图目录页、表目录页、致谢页、参考文献页的页眉。

（7）插入自定义的目录和页码

步骤 1：删除"请在此插入目录"对应文本，点击"引用"→"目录"→"自定义目录"菜单命令，如图 2-49 所示，在打开的"目录"对话框中直接点击"确定"按钮。

图 2-49　"自定义目录"菜单命令

步骤 2：删除"请在此插入图目录"对应文本，点击"引用"→"插入表目录"按钮，选中"题注标签"列表区域中的"图"，点击"确定"按钮。

步骤 3：删除"请在此插入图目录"对应文本，点击"引用"→"插入表目录"按钮，选中"题注标签"列表区域中的"表"，点击"确定"按钮。

步骤 4：右击目录区域任意位置，在弹出的快捷菜单中选择"更新域"命令，选中"只更新页码"，点击"确定"按钮。同理，更新图目录和表目录中的页码。

（8）输出文件为 PDF

步骤 1：点击"文件"→"输出为 PDF"菜单命令，修改 PDF 文件名为"硕士毕业论文"，按需要设置 PDF 文件的输出路径，点击"开始输出"按钮，如图 2-50 所示。

图 2-50　输出文件为 PDF

步骤 2：按"Ctrl + S"组合键对最终文件进行保存，关闭文件"2-7.docx"。

实训 8　制作个人简历

【实训目的】

- 各种形状的插入与设置。
- 智能图形的插入与设置。
- 艺术字的插入与设置。

【实训内容】

新建一个空白的实训素材"2-8.docx"，保存在对应的素材文件夹中，此后的操作均基于此文件。创建文件所需素材保存在 2-8 文件夹中，文本素材保存在"WPS 素材.txt"中。

【背景素材】

张静是一名大学本科三年级学生，经多方面了解，她希望在下个暑期去一家公司实习。为获得难得的实习机会，她打算利用 WPS 精心制作一份简洁而醒目的个人简历，要求如下：

（1）调整文档版面，要求纸张大小为 A4，上、下页边距为 2.5 厘米，左、右页边距为 3.2 厘米。

（2）根据页面布局需要，在适当的位置插入标准色为橙色与白色的两个矩形，其中橙色矩形占满 A4 幅面，文字环绕方式设为"浮于文字上方"，作为简历的背景。

（3）参照示例文件，插入标准色为橙色的圆角矩形，并添加文字"实习经验"，插入 1 个短划线的虚线圆角矩形框。

（4）参照示例文件，插入文本框和文字，并调整文字的字体、字号、位置和颜色。其中"张静"应为标准色橙色的艺术字，"寻求能够……"文本效果应为跟随路径的"上弯弧"。

（5）根据页面布局需要，插入素材文件夹下图片"1.png"，依据样例进行裁剪和调整，并删除图片的剪裁区域；然后根据需要插入图片 2.jpg、3.jpg、4.jpg，并调整图片位置。

（6）参照示例文件，在适当的位置使用形状中的标准色橙色箭头（提示：其中横向箭头使用线条类型箭头），插入"SmartArt"图形，并进行适当编辑。

（7）参照示例文件，在"促销活动分析"等 4 处使用项目符号"对勾"，在"曾任班长"等 4 处插入符号"五角星"，颜色为标准色红色。调整各部分的位置、大小、形状和颜色，以展现统一、良好的视觉效果。

最终效果如图 2-51 所示。

图 2-51　实训素材 2-8 成品效果

【实训步骤】

（1）新建文档及纸张设计

步骤 1：打开素材文件夹 2-8，右击空白处，在弹出的快捷菜单中选择"新建"→"DOCX 文档"命令，如图 2-52 所示，并将文件命名为"2-8.docx"。

图 2-52　新建空白 DOCX 文档

步骤 2：双击"2-8.docx"文档将其打开，点击"页面布局"→"纸张大小"→"A4"菜单命令，如图 2-53 所示。

图 2-53　设置纸张大小

步骤 3：点击"页面布局"→"页边距"→"自定义页边距"菜单命令。打开"页面设置"对话框，设置上、下页边距均为 2.5 厘米，左、右页边距均为 3.2 厘米，如图 2-54 所示。

步骤 4：点击"确定"按钮，关闭"页面设置"对话框。

（2）初步设计简历布局

步骤 1：点击"插入"→"形状"→"矩形"→"矩形"菜单命令，如图 2-55 所示，光标变成"＋"形状。

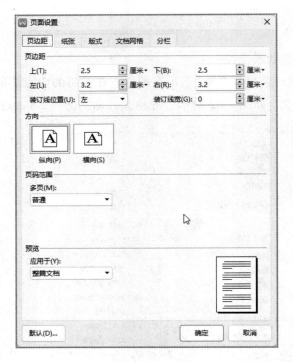

图 2-54　设置上、下、左、右页边距

图 2-55　插入矩形形状

　　步骤 2：参考"简历参考样式.jpg"的效果，在文档的空白处任意画一个矩形，点击"绘图工具"将"高度"的值设置为"29.7 厘米"，同理，将"宽度"的值设置为"21 厘米"（即 A4 纸的大小），如图 2-56 所示。适当移动矩形的位置，使其铺满整个页面（注意：在移动过程中，需用键盘上的箭头键进行微调）。

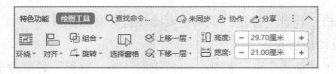

图 2-56　设置矩形的高度和宽度

步骤 3：点击"绘图工具"→"填充"→"标准色"→"橙色"菜单命令，然后点击"绘图工具"→"轮廓"→"标准色"→"橙色"菜单命令，如图 2-57 所示。

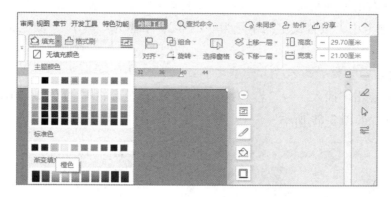

图 2-57 设置矩形的填充色和轮廓色

步骤 4：继续参考"简历参考样式.jpg"的效果，再画一个矩形，点击"格式"→"形状样式"→"形状填充"→"白色，背景 1"菜单命令，并设置"形状轮廓"为"白色，背景 1"。最后参考样式的效果调整该矩形的大小和位置。

（3）插入图形并设置需要的效果

步骤 1：点击"插入"→"形状"→"矩形"→"圆角矩形"菜单命令，光标变成"+"形状。

步骤 2：根据参考样式的效果，在文档的适当位置画一个大一点的圆角矩形，在"绘图工具"选项卡中，将其"形状填充"设置为"无填充"，"形状轮廓"设置为"标准色"→"橙色"。最后点击"绘图工具"→"轮廓"→"虚线线型"→"短划线"菜单命令，如图 2-58 所示。

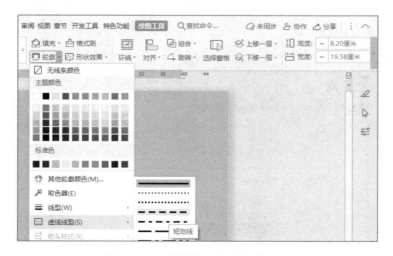

图 2-58 设置圆角矩形的虚线线型

步骤 3：再根据参考样式的效果，在文档的适当位置画一个小一点的圆角矩形，参考上述步骤，继续设置其"填充"颜色和"轮廓"颜色均为"标准色"→"橙色"。

步骤 4：右击该圆角矩形框，选择"添加文字"命令，输入文字"实习经验"，在"开始"选项卡中，设置文字的字号为"二号"，字体为"黑体"，颜色为"白色，背景 1"。

（4）设置艺术字

步骤 1：点击"插入"→"艺术字"→"填充-白色，轮廓-着色 2，清晰阴影-着色 2"菜单命令，如图 2-59 所示。

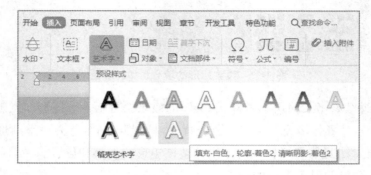

图 2-59　插入艺术字

步骤 2：在对应框中输入"张静"，并适当调整艺术字的位置。复制并粘贴刚插入的艺术字"张静"，打开素材文件夹下的"WPS 素材.txt"文件，复制其中的文字"寻求能够不断学习进步、有一定挑战性的工作!"，回到文档中，选中刚粘贴的艺术字并右击，选择"只粘贴文本"，调整新的艺术字字号为"一号"。

步骤 3：选中新设置的艺术字，点击"文本效果"→"转换"→"跟随路径"→"上弯弧"菜单命令，如图 2-60 所示。根据参考样式的效果，适当调整艺术字外框的大小，并移动至合适的位置。

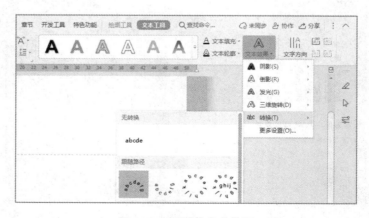

图 2-60　设置艺术字效果

步骤4：点击"插入"→"文本框"→"横向"菜单命令，如图 2-61 所示，根据参考样式的效果，在文档的适当位置画一个横向文框。切换至"WPS 素材.txt"文件，复制"武汉大学、市场营销、平均分、Top5"这 4 行文字，返回文档，将刚复制的内容粘贴至文本框中，然后将文本框中文字的字号改成"三号"，字体改为"楷体"。设置文本框为"无填充颜色""无轮廓"。

图 2-61　插入横向文本框

步骤5：选中刚设置的文本框进行复制并粘贴，切换至"WPS 素材.txt"文件，复制"QQ、Tel、Email"这 3 行文字，回到文档，将刚复制的内容粘贴至第 2 个文本框中。

步骤6：根据参考样式的效果，按照上面的步骤设置圆角矩形中几个文本框内的文字和效果。

注意：有 3 个文本框需要设置项目符号。

步骤7：根据参考样式的效果，适当调整各文本框的大小，并移动至合适的位置。

（5）插入图片

步骤1：选中白色矩形框，点击"插入"→"图片"→"本地图片"菜单命令，在打开的"插入图片"对话框中找到素材文件夹并选中"1.png"，点击"插入"按钮，如图 2-62 所示。

图 2-62　向简历中插入指定图片

步骤2：点击"图片工具"→"环绕"→"四周型环绕"菜单命令，如图 2-63 所示。

图 2-63　设置图片环绕方式

步骤 **3**：在"大小"功能区点击"裁剪"命令，如图 2-64 所示。按照参考样式的效果对刚插入的图片进行裁剪，以保留样例中的图片效果，并适当调整图片的位置。

图 2-64　对图片进行裁剪

步骤 **4**：参考步骤 1、2，依次插入图片 2.jpg、3.jpg 和 4.jpg，并适当调整图片的位置。

（6）插入箭头形状

步骤 **1**：点击"插入"→"形状"→"线条"→"箭头"菜单命令，如图 2-65 所示，光标变成"+"形状。

图 2-65　插入箭头形状

图 2-66　设置箭头末端类型

步骤 **2**：按住"Shift"键，按照参考样式的效果，在相应的位置画一条横线。点击"绘图工具"→"形状样式"→"形状轮廓"→"标准色"→"橙色"菜单命令。

步骤 **3**：选中横线并右击，在弹出的快捷菜单中选择"设置对象格式"，打开"属性"任务窗格，展开"填充与线条"→"线条"项，将宽度改为"4.50 磅"，结尾箭头末端类型改为"开放型箭头"，样式改为"右箭头 9"，如图 2-66 所示。

步骤 **4**：点击"插入"→"形状"→"箭头总汇"→"上箭头"菜单命令，光标变成"+"形状。

步骤 **5**：在相应的位置画一个向上的箭头，点击"绘图工具"→"格式"→"形状样式"→"形状轮廓"→"标准色"→"橙色"菜单命令，然后再点击"绘图工具"→"格式"→"形状样式"→"形状填充"→"标准色"→"橙色"菜单命令。

步骤 6：选中向上箭头，按住"Ctrl"键的同时向右拖动鼠标，以复制两个相同的向上箭头，并适当调整 3 个向上箭头的位置。

步骤 7：点击"插入"→"智能图形"按钮，在打开的"选择智能图形"对话框中，选择"流程"中的"步骤上移流程"并点击"插入"按钮，如图 2-67 所示。右击插入图形的外边框，点击"环绕"→"四周型环绕"菜单命令。注意：如果 WPS 文档中无法插入指定类型的智能图形，可借助 WPS 演示进行设计，完成设计后再粘贴至本文档中。

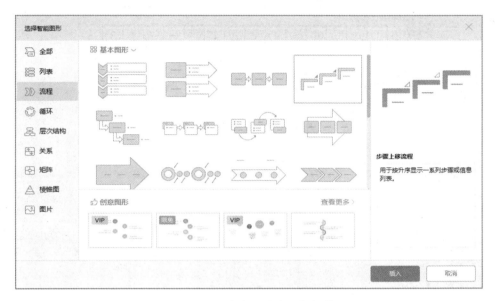

图 2-67　插入"步骤上移流程"智能图形

步骤 8：切换到"WPS 素材.txt"文件，复制对应的文字（"曾任班长…全额奖学金"），回到"2-8.docx"文档，将光标定位在插入图形左侧"键入文字"框中，按"Ctrl + A"全选，再按"Ctrl + V"粘贴。

步骤 9：选中图形，在"设计"→"更改颜色"功能列表中，参考样式效果为智能图形应用一种颜色。

步骤 10：参考样式，拖动图形至适当的位置。

（7）插入项目符号

步骤 1：将光标放在"曾任班长"前，点击"插入"→"符号"按钮，在打开的"符号"对话框中，找到并选中"★"，点击"插入"按钮，如图 2-68 所示。

步骤 2：选中五角星，切换到"开始"选项卡，设置其颜色为"标准色"→"红色"。

步骤 3：复制该设置后的五角星，并粘贴至后面 3 个图形中。

步骤 4：按"Ctrl + S"组合键对最终文件进行保存，关闭文件"2-8.docx"。

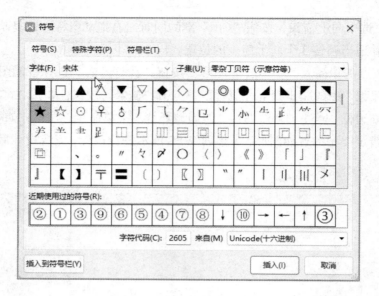

图 2-68　插入★项目符号

模 块 三

WPS Office 表格处理

实训 1　模拟考试成绩分析与处理

【实训目的】

- 设置单元格格式。
- 保护工作表。
- 数据的选中与复制。
- 求和函数（sum）的使用。
- 排名函数（rank）的使用。
- 常用数值函数的使用，如 max、min 等。
- 高级筛选功能的使用。

【实训内容】

打开实训素材文件"3-1.xlsx"，后续操作均基于此文件。

某校高一年级组织了一次模拟考试，请利用电子表格科学管理和分析学生成绩数据。

（1）首先将"原始成绩"工作表中的文本型数字全部转换为数值，然后保护"原始成绩"工作表以存档原始数据（不设密码），并将数据对应复制到"成绩统计"工作表中再进行处理。

（2）在"成绩统计"工作表的第 M:R 列区域中，应用公式或函数分别计算总分成绩（全部学科）、文综成绩（政史地）、理综成绩（理化生）及其在全年级中从高到低的排名，若有重复成绩均取最佳排名（重复成绩排名相同且影响后续成绩的排名）。

（3）基于成绩统计数据，在"成绩筛选"工作表 L1 单元格处开始构造高级筛选条件，按指定字段标题筛选出"总分排名前 20 且文综或理综也排名前 20"学生名单。

（4）基于成绩统计数据，在"成绩分析"工作表中，应用公式或函数分别按学科统计最高分、最低分、平均分、众数、及格和不及格人数（语数英达 90 分及格、其他学科达 60 分及格）。

部分表格最终效果如图 3-1 所示。

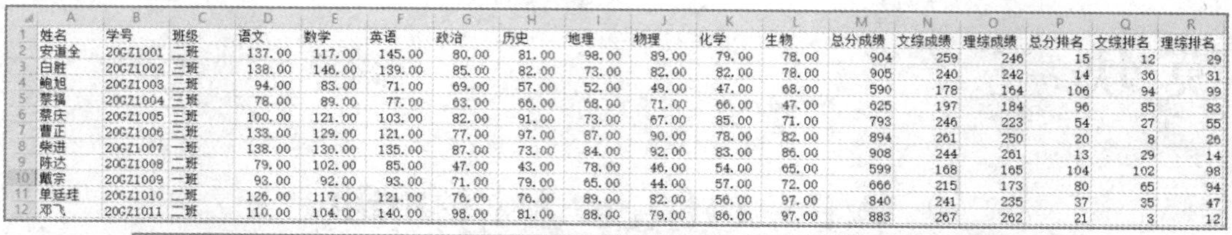

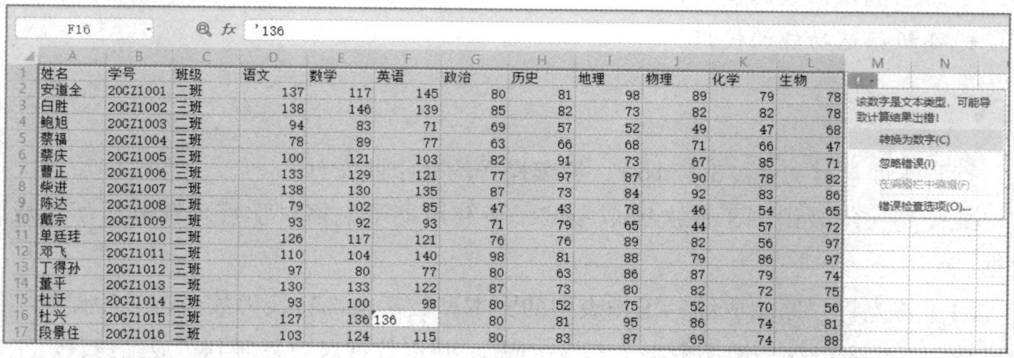

姓名	学号	班级	语文	数学	英语	政治	历史	地理	物理	化学	生物	总分成绩	文综成绩	理综成绩	总分排名	文综排名	理综排名
安道全	20GZ1001	二班	137.00	117.00	145.00	80.00	81.00	98.00	89.00	79.00	78.00	904	259	246	15	12	29
白胜	20GZ1002	三班	138.00	146.00	139.00	85.00	82.00	73.00	82.00	82.00	78.00	905	240	242	14	36	31
鲍旭	20GZ1003	二班	94.00	83.00	71.00	69.00	57.00	52.00	49.00	47.00	68.00	590	178	164	106	94	99
蒙福	20GZ1004	三班	78.00	89.00	77.00	63.00	66.00	68.00	71.00	66.00	47.00	625	197	184	96	85	83
蔡庆	20GZ1005	三班	100.00	121.00	103.00	82.00	91.00	73.00	67.00	85.00	71.00	793	246	223	54	27	55
曹正	20GZ1006	三班	133.00	129.00	121.00	77.00	97.00	87.00	90.00	78.00	82.00	894	261	250	20	8	26
柴进	20GZ1007	一班	138.00	130.00	135.00	87.00	73.00	84.00	92.00	83.00	86.00	908	244	261	13	29	14
陈达	20GZ1008	二班	79.00	102.00	85.00	47.00	43.00	78.00	46.00	54.00	65.00	599	168	165	104	102	98
戴宗	20GZ1009	三班	93.00	92.00	93.00	71.00	79.00	65.00	44.00	57.00	72.00	666	215	173	80	65	94
单廷珪	20GZ1010	二班	126.00	117.00	121.00	76.00	76.00	89.00	82.00	56.00	97.00	840	241	235	37	35	47
邓飞	20GZ1011	二班	110.00	104.00	140.00	98.00	81.00	88.00	79.00	86.00	97.00	883	267	262	21	3	12

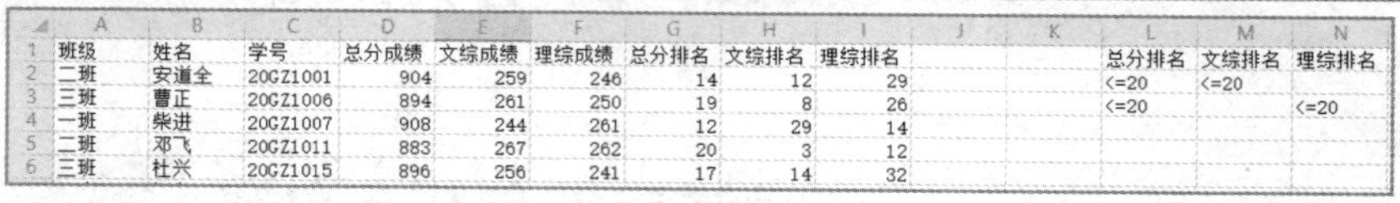

	班级	姓名	学号	总分成绩	文综成绩	理综成绩	总分排名	文综排名	理综排名		总分排名	文综排名	理综排名
2	二班	安道全	20GZ1001	904	259	246	15	12	29		<=20	<=20	<=20
3	三班	曹正	20GZ1006	894	261	250	19	8	26				
4	一班	柴进	20GZ1007	908	244	261	12	29	14		<=20		<=20
5	二班	邓飞	20GZ1011	883	267	262	20	3	12				
6	三班	杜兴	20GZ1015	896	256	241	17	14	32				

图 3-1　实训素材 3-1 成品效果

【实训步骤】

（1）数据转为数字

步骤 1：打开素材文件"3-1.xlsx"，在"原始成绩"工作表中选中 F16 单元格，按"Ctrl + A"组合键，点击选中区域右上角的下拉箭头 ⚠️▾，选择"转换为数字"菜单命令，如图 3-2 所示。

图 3-2　将部分文本数据转换成数字

步骤 2：再选中 D2:L109 单元格区域（可借助"Ctrl + Shift + 方向键"组合键快速选中大片、连续数据区域），按"Ctrl + 1"组合键，打开"单元格格式"对话框，在"数字"选项卡的"分类"列表区域，选中"数值"项，点击"确定"按钮，如图 3-3 所示。

步骤 3：点击"开始"→"工作表"→"保护工作表"菜单命令，如图 3-4 所示。打开"保护工作表"对话框，直接点击"确定"按钮。

步骤 4：在"原始成绩"工作表中，选中 A2:L109 单元格，按"Ctrl + C"组合键复制数据，切换至"成绩统计"工作表，选中 A2 单元格，按"Ctrl + V"组合键粘贴数据。

图 3-3 设置单元格格式

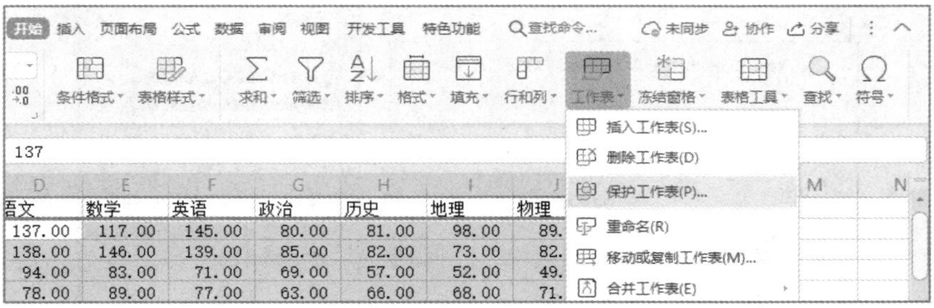

图 3-4 "保护工作表"菜单命令

（2）在表格中输入公式

步骤 1：在"成绩统计"工作表中，选中 M2 单元格，输入公式"=SUM(D2:L2)"，按回车键确认。

步骤 2：在"成绩统计"工作表中，选中 N2 单元格，输入公式"=SUM(G2:I2)"，按回车键确认。

步骤 3：在"成绩统计"工作表中，选中 O2 单元格，输入公式"=SUM(J2:L2)"，按回车键确认。

步骤 4：在"成绩统计"工作表中，选中 P2 单元格，输入公式"=RANK(M2,$M$2:$M$109)"，按回车键确认。

步骤 5：在"成绩统计"工作表中，选中 Q2 单元格，输入公式"=RANK(N2,$N$2:$N$109)"，按回车键确认。

步骤 6：在"成绩统计"工作表中，选中 R2 单元格，输入公式"=RANK(O2,$O$2:

$O$109)”，按回车键确认。

步骤 7：选中 M2:R2 单元格区域，双击选中区域右下角的填充柄，将设置好的公式向下填充。

（3）设置高级筛选

步骤 1：新建一个名称为“sheet1”的工作表，将“成绩统计”工作表中的数据按数值复制到“sheet1”工作表中（即粘贴时选择“粘贴为数值”），删除 D:L 列，将“班级”列移动至“姓名”列前面。

步骤 2：在“成绩筛选”工作表，L1、M1、N1 单元格中，依次输入“总分排名”“文综排名”“理综排名”；在 L2、M2 单元格中，输入“<=20”；在 L3、N3 单元格中，输入“<=20”；点击“开始”→“筛选”→“高级筛选”菜单命令，在“高级筛选”对话框中，将方式设置为“将筛选结果复制到其他位置”，在“列表区域”中输入“Sheet1!$A$1:$I$109”，在“条件区域”中输入“成绩筛选!$L$1:$N$3”，在“复制到”中输入“成绩筛选!$A$1:$I$32”，点击“确定”按钮，如图 3-5 所示。

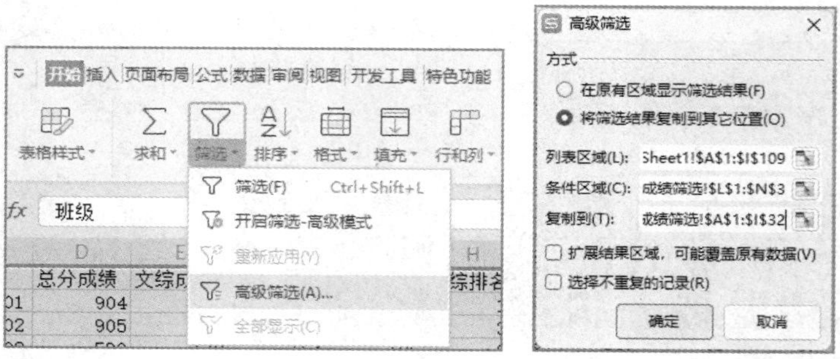

图 3-5 高级筛选设置

步骤 3：删除“sheet1”工作表。

（4）执行成绩分析

步骤 1：在“成绩分析”工作表中，选中 B2 单元格，输入公式“=MAX(成绩统计!D2:D109)”，按回车键确认，继续选中 B2 单元格，在 B2 单元格右下角出现填充句柄后拖动至 J2 单元格，即可将公式填充至 J2 单元格。

步骤 2：在“成绩分析”工作表中，选中 B3 单元格，输入公式“=MIN(成绩统计!D2:D109)”，按回车键确认，继续选中 B3 单元格，在 B3 单元格右下角出现填充句柄后拖动至 J3 单元格，即可将公式填充至 J3 单元格。

步骤 3：在“成绩分析”工作表中，选中 B4 单元格，输入公式“=AVERAGE(成绩统计!D2:D109)”，按回车键确认，继续选中 B4 单元格，在 B4 单元格右下角出现填充句柄后将其拖动至 J4 单元格，即可将公式填充至 J4 单元格。

步骤 4：在“成绩分析”工作表中，选中 B5 单元格，输入公式“=MODE(成绩统计!D2:D109)",按回车键确认,继续选中 B5 单元格,在 B5 单元格右下角出现填充句柄后将其拖动至 J5 单元格,即可将公式填充至 J5 单元格。

步骤 5:在"成绩分析"工作表中,选中 B6 单元格,输入公式"=COUNTIF(成绩统计!D2:D109,">=90")",按回车键确认,继续选中 B6 单元格,在 B6 单元格右下角出现填充句柄后将其拖动至 D6 单元格,即可将公式填充至 D6 单元格;选中 E6 单元格,输入公式"=COUNTIF(成绩统计!G2:G109,">=60")",按回车键确认,继续选中 E6 单元格,在 E6 单元格右下角出现填充句柄后将其拖动至 J6 单元格,即可将公式填充至 J6 单元格。

步骤 6:在"成绩分析"工作表中,选中 B7 单元格,输入公式"=COUNTIF(成绩统计!D2:D109,"<90")",按回车键确认,继续选中 B7 单元格,在 B7 单元格右下角出现填充句柄后将其拖动至 D7 单元格,即可将公式填充至 D7 单元格;选中 E7 单元格,输入公式"=COUNTIF(成绩统计!G2:G109,"<60")",按回车键确认,继续选中 E7 单元格,在 E7 单元格右下角出现填充句柄后将其拖动至 J7 单元格,即可将公式填充至 J7 单元格。

步骤 7:按"Ctrl + S"组合键对最终文件进行保存,关闭文件"3-1.docx"。

实训 2　销售数据分析与汇总

【实训目的】

- 编辑单元格内容(使用"Alt"键实现单元格内容换行输入)。
- 设置单元格字体格式。
- 对错误公式进行分析与修改。
- 设置条件格式。
- 设置数据有效性。
- 对表格进行冻结。

【实训内容】

打开实训素材文件"3-2.xlsx",后续操作均基于此文件。

小王在公司销售部门负责销售数据的汇总和管理,为了保证销售数据的准确性,每个月底,小王都会对销售表格进行定期检查和完善。

(1)在"销售记录"工作表中,商品名称、品类、品牌、单价、购买金额这 5 列已经设置好公式,请在 D1:G1 单元格中已有内容后面,增加"(自动计算)"字样,新增的内容需要换行显示,字号设置为"9 号"。

(2)在"销售记录"工作表中,表格数据中"红色字体"所在行存在公式计算结果错误，该公式主要引用"基础信息表"中的"产品信息表"区域，请检查公式引用区域的数据，找到错误原因并修改错误，再把红色字体全部改回"黑色，文本 1"。

（3）在"销售记录"工作表中，使用条件格式对"购买金额"（I2:I20）进行标注：大于或等于 20000 的单元格，单元格底纹显示浅蓝色（颜色面板：第 2 行第 5 个）；小于 10000 的单元格，单元格底纹显示浅橙色（颜色面板：第 2 行第 8 个）。

（4）在"销售记录"工作表中，对"折扣优惠"（J2:J20）中的内容进行规范填写，请按如下要求设置：

①在该列插入下拉列表，下拉列表的内容需要引用"基础信息表"工作表中的"折扣优惠"（H3:H6）。

②"折扣优惠"列（J2:J20）中原本描述与下拉列表内容不一致的单元格，需重新修改为规范描述。

（5）在"销售记录"工作表中，为方便查看销售表数据，设置成表格上下翻页查看数据时，标题行始终显示；左右滚动查看数据时，"日期"和"客户名称"列始终显示。

部分表格最终效果如图 3-6 所示。

	日期	客户名称	商品编号	商品名称（自动计算）	品类（自动计算）	品牌（自动计算）	单价（自动计算）	购买数量	购买金额	折扣优惠	折后金额	备注
2	2020/10/01	客户01	N.10031	M8手机，256M	手机	M品牌	￥2,600	5	￥13,000	SVIP	￥10,400	
3	2020/10/02	客户03	N.10023	T2手机，金色	手机	T品牌	￥1,500	1	￥1,500	VIP	￥1,275	
4	2020/10/04	客户05	N.10012	H4手机，128M	手机	H品牌	￥2,000	5	￥10,000	无优惠	￥10,000	
5	2020/10/04	客户05	N.10031	M8手机，256M	手机	M品牌	￥2,600	2	￥5,200	普通	￥4,940	
6	2020/10/06	客户05	N.10032	M8手机，512M	手机	M品牌	￥4,000	10	￥40,000	无优惠	￥40,000	
7	2020/10/07	客户01	N.20031	M-60电视	电视	M品牌	￥4,600	3	￥13,800	VIP	￥11,730	
8	2020/10/09	客户06	N.10014	H5手机，256M	手机	H品牌	￥3,000	10	￥30,000	普通	￥28,500	
9	2020/10/10	客户04	N.30031	M洗衣机，5kg	洗衣机	M品牌	￥3,200	10	￥32,000	无优惠	￥32,000	
10	2020/10/10	客户08	N.10013	H5手机，128M	手机	H品牌	￥2,200	5	￥11,000	无优惠	￥11,000	
11	2020/10/10	客户03	N.20031	M-60电视	电视	M品牌	￥4,600	20	￥92,000	普通	￥87,400	
12	2020/10/12	客户07	N.20021	T-45电视	电视	T品牌	￥2,600	15	￥39,000	VIP	￥33,150	
13	2020/10/13	客户02	N.10013	H5手机，128M	手机	H品牌	￥2,200	2	￥4,400	普通	￥4,180	
14	2020/10/14	客户07	N.10011	H4手机，64M	手机	H品牌	￥900	1	￥900	普通	￥855	
15	2020/10/16	客户06	N.10032	M8手机，512M	手机	M品牌	￥4,000	5	￥20,000	无优惠	￥20,000	
16	2020/10/16	客户01	N.10011	H4手机，64M	手机	H品牌	￥900	5	￥4,500	普通	￥4,275	
17	2020/10/17	客户04	N.10011	H4手机，64M	手机	H品牌	￥900	8	￥7,200	普通	￥6,840	
18	2020/10/19	客户05	N.10014	H5手机，256M	手机	H品牌	￥3,000	11	￥33,000	SVIP	￥26,400	
19	2020/10/21	客户03	N.30031	M洗衣机，5kg	洗衣机	M品牌	￥3,200	3	￥9,600	无优惠	￥9,600	
20	2020/10/22	客户04	N.30031	M洗衣机，5kg	洗衣机	M品牌	￥3,200	6	￥19,200	无优惠	￥19,200	

图 3-6　实训素材 3-2 成品效果

【实训步骤】

（1）增加"自动计算"字样

步骤 1：打开素材文件"3-2.xlsx"，在"销售记录"工作表中，双击 D1 单元格，将插入点移动至"商品名称"后，按住 Alt 键的同时，按回车键另起一行，输入"（自动计算）"，选定"（自动计算）"文本，在"开始"选项卡中，将字号设置为"9 号"。

步骤 2：重复步骤 1，在品类、品牌、单价 3 个单元格后面依次添加"（自动计算）"，并设置其字号为"9 号"。

（2）处理表格错误

步骤 1：分析"销售记录"工作表中标红行对应公式，发现其错误原因是"基础信息表"工作表的 A10 和 A13 单元格中有多余的空格和空行。

步骤 2：在"基础信息表"工作表中，依次双击 A10、A13 单元格，将多余的空格和空行删除。

步骤 3：回到"销售记录"工作表中，选中 A2:J20 单元格区域，在"开始"选项卡中，将"字体颜色"设置为"黑色，文本 1"，如图 3-7 所示。

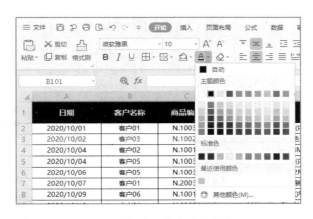

图 3-7　修改红色文本的颜色

（3）突出显示单元格

步骤 1：在"销售记录"工作表中，选中 I2:I20 单元格，点击"开始"→"条件格式"→"突出显示单元格规则"→"其他规则"菜单命令，打开"新建格式规则"对话框，将"条件"修改为"大于或等于"，"实例"栏中输入"20000"，如图 3-8 所示，点击"格式"按钮，在弹出的"单元格格式"对话框中选择"图案"选项卡，在"颜色"栏中选择浅蓝色（颜色面板：第 2 行第 5 个），点击"确定"按钮，继续点击"确定"按钮。

步骤 2：重复步骤 1，将小于 10000 的单元格底纹设置为浅橙色（颜色面板：第 2 行第 8 个）。

（4）设置数据有效性

步骤 1：在"销售记录"工作表中，选中 J2:J20 单元格，点击"数据"→"有效性"→"有效性"菜单命令，打开"数据有效性"对话框，将"允许"选项设置为"序列"，插入点移动至"来源"栏，选择"基础信息表"工作表，选中 H3:H6 单元格区域，点击"确定"按钮，如图 3-9 所示。

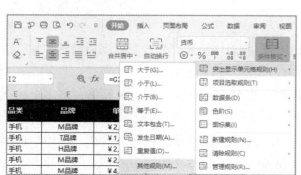

图 3-8　设置条件格式

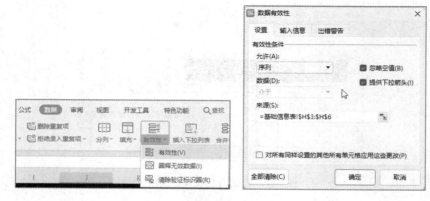

图 3-9　设置数据有效性

步骤 2：在"销售记录"工作表中，选中折扣优惠列为"无"的单元格，点击右侧的下拉列表按钮，选择"无优惠"选项，选中折扣优惠列为"普通优惠"的单元格，点击右侧的下拉列表按钮，选择"普通"选项。

（5）冻结窗格

步骤 1：在"销售记录"工作表中，选中 C2 单元格，在"数据"选项卡中选择"冻结窗格"选项中的"冻结至第 1 行 B 列"选项，如图 3-10 所示。

图 3-10　冻结窗格

步骤 2：按"Ctrl + S"组合键对最终文件进行保存，关闭文件"3-2.xlsx"。

实训 3　编辑个人开支情况表

【实训目的】

- 单元格内容的输入与合并。
- 设置工作表主题及基本格式。
- 设置单元格格式并排序。
- sum、average 等常见函数的使用。
- 工作表的复制、重命名。
- 修改工作表标签颜色。
- 分类汇总功能的使用。

【实训内容】

打开实训素材文件"3-3.xlsx"，后续操作均基于此文件。

小赵是一名参加工作不久的大学生。他习惯使用 WPS 表格来记录每月的个人开支情况。2023 年底小赵将每个月各类支出的明细数据录入了文件名为"3-3.xlsx"的工作簿文档中。根据下列要求帮助小赵对明细表进行整理和分析：

（1）在工作表"小赵的美好生活"的第一行添加表名"小赵 2023 年开支明细表"，并通过合并单元格，放于整个表的上端、居中。

（2）将工作表应用一种主题，并增大字号，适当加大行高列宽，设置居中对齐方式，除表名"小赵 2023 年开支明细表"外，将工作表添加内外边框和底纹以使工作表更加美观。

（3）将每月各类支出及总支出对应的单元格数据类型都设为"货币"类型、无小数、人民币货币符号。

（4）通过函数计算每个月的总支出、各个类别月均支出、每月平均总支出；并按每个月总支出升序对工作表进行排序。

（5）复制工作表"小赵的美好生活"到原表右侧，改变副本的表标签颜色并重新命名为"按季度汇总"。

（6）通过分类汇总功能求出每个季度各分类的月均支出金额。

部分表格最终效果如图 3-11 所示。

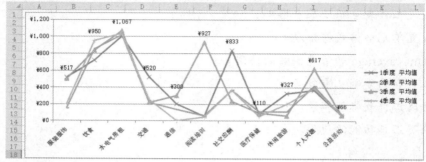

小赵2023年开支明细表													
年月	季度	服装服饰	饮食	水电气房租	交通	通信	阅读培训	社交应酬	医疗保健	休闲旅游	个人兴趣	公益活动	总支出
2013年11月	4季度	¥200	¥900	¥1,000	¥120	¥0	¥50	¥100	¥100	¥0	¥420	¥66	¥2,956
2013年4月	2季度	¥400	¥900	¥1,000	¥300	¥100	¥80	¥300	¥0	¥100	¥450	¥66	¥3,396
2013年3月	1季度	¥50	¥750	¥1,000	¥300	¥200	¥60	¥200	¥200	¥300	¥350	¥66	¥3,476
2013年6月	2季度	¥200	¥850	¥1,050	¥200	¥100	¥100	¥200	¥230	¥0	¥500	¥66	¥3,496
2013年5月	2季度	¥150	¥800	¥1,000	¥150	¥200	¥0	¥600	¥100	¥230	¥300	¥66	¥3,596
2013年10月	4季度	¥100	¥900	¥1,000	¥280	¥0	¥0	¥500	¥0	¥400	¥350	¥66	¥3,596
2013年1月	1季度	¥300	¥900	¥1,100	¥260	¥100	¥0	¥300	¥50	¥180	¥350	¥66	¥3,606
2013年9月	3季度	¥1,100	¥850	¥1,000	¥220	¥0	¥100	¥300	¥130	¥80	¥300	¥66	¥4,046
2013年12月	4季度	¥300	¥1,050	¥1,100	¥350	¥0	¥80	¥500	¥60	¥200	¥400	¥66	¥4,106
2013年8月	3季度	¥300	¥900	¥1,100	¥180	¥0	¥0	¥300	¥50	¥0	¥1,200	¥66	¥4,276
2013年7月	3季度	¥100	¥750	¥1,100	¥250	¥900	¥2,600	¥200	¥100	¥0	¥350	¥66	¥6,416
2013年2月	1季度	¥1,200	¥600	¥900	¥1,000	¥300	¥0	¥2,000	¥0	¥500	¥400	¥66	¥6,966
月均开销		¥342	¥838	¥1,029	¥301	¥158	¥271	¥450	¥85	¥174	¥448	¥66	¥4,161

图 3-11　实训素材 3-3 成品效果

【实训步骤】

（1）设置表格名及表格区域

步骤 1：打开素材文件"3-3.xlsx"，点击"小赵的美好生活"工作表中的 A1 单元格，输入"小赵 2023 年开支明细表"并按回车键。

步骤 2：选中 A1:N1 数据区域，点击"开始"→"合并居中"按钮，如图 3-12 所示。

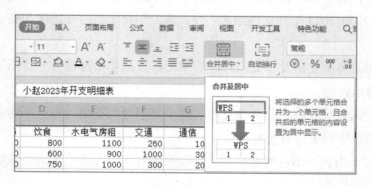

图 3-12　标题数据合并居中

（2）设置表格的主题及行高列宽

步骤 1：选中"小赵的美好生活"工作表中的 A1:N15 区域，点击"页面布局"→"主题"功能按钮，在打开的列表区域任选一种内置主题，如图 3-13 所示。

图 3-13　为工作表应用主题

步骤 2：选中 A1 单元格，在"开始"选项卡下将字号改为 16。再选中 A3:N15 数据区域，点击"居中"按钮三。

步骤 3：选中 A2:N15 区域，选择"开始"→"行和列"→"行高"命令，在弹出的对话框中将"行高"设置为"15"磅，点击"确定"按钮，如图 3-14 所示；重复该步骤，将"列宽"设置为"12"磅。

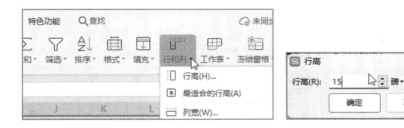

图 3-14　为指定工作表区域设置行高

步骤 4：选中 A2:N15 区域，右击选择"设置单元格格式"命令，在打开对话框的"边框"选项卡中，点击"外边框"和"内部"按钮，在"图案"选项卡中将"单元格底纹"→"颜色"设置为"浅蓝"（第 2 行第 8 个），在"字体"选项卡中，将字号设置为"12"，点击"确定"按钮。

（3）数据设为"货币"类型

选中 C3:N15 区域并右击，选择"设置单元格格式"命令，在打开对话框的"数字"选项卡中，左侧分类列表选择"货币"，右侧"小数位数"设置为"0"，点击"确定"按钮。

（4）数据排序

步骤 1：在 N3 单元格中输入公式"=SUM（C3:M3）"并按回车键。

步骤 2：选中 N3 单元格，双击右下角的填充柄将 N3 单元格中的公式自动向下填充。

步骤 3：在 C15 单元格中输入"=AVERAGE（C3:C14）"并按回车键，选中 C15 单元格，拖动右下角的填充柄至 N15 单元格。

步骤 4：选中 N3:N14 单元格区域，点击"开始"→"排序"→"升序"菜单命令，打开"排序警告"对话框，选中"扩展选定区域"，点击"排序"按钮，如图 3-15 所示。

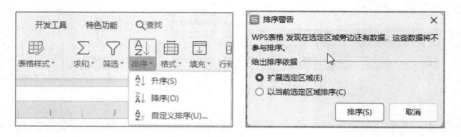

图 3-15　对数据进行排序

（5）设置标签颜色

步骤 1：右击工作表"小赵的美好生活"，在弹出的快捷菜单中选择"移动或复制工作表"命令，在打开的对话框中选中"建立副本"复选框，点击"移至最后"，最后点击"确定"按钮，如图 3-16 所示。

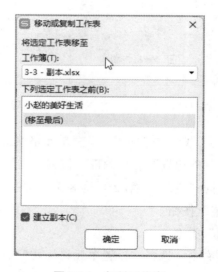

图 3-16　复制工作表

步骤 2：右击工作表"小赵的美好生活（2）"，选择"重命名"命令，输入"按季度汇总"并按回车键。

步骤 3：右击"按季度汇总"工作表标签，选择"工作表标签颜色"→"标准色"→"红色"，如图 3-17 所示。

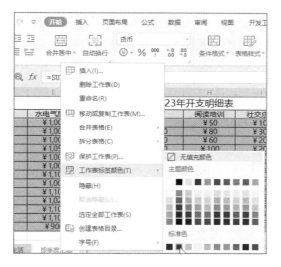

图 3-17　设置工作表标签颜色

（6）设置分类汇总

步骤 1：在"按季度汇总"工作表中，选中"月均开销"行，右击选择"删除"命令。

步骤 2：选中 B 列，选择"开始"→"编辑"→"排序和筛选"→"升序"命令，点击"排序"按钮。

步骤 3：选中除标题之外的所有内容，点击"数据"→"分类汇总"按钮，在"分类汇总"对话框中设置"分类字段"为"季度"，"汇总方式"为"平均值"，"选定汇总项"中选中除"年月""季度"和"总支出"之外的所有复选框，点击"确定"按钮，如图 3-18 所示。

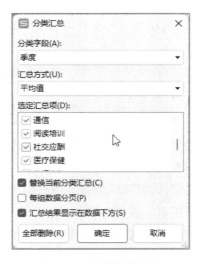

图 3-18　设置分类汇总

步骤 4：完成分类汇总后，点击左上方的"2"选项卡。

步骤 5：按"Ctrl + S"组合键对最终文件进行保存，关闭文件"3-3.xlsx"。

实训 4　编辑员工基本信息表

【实训目的】

- 删除表格中的重复项。
- 条件格式的设置。
- 数据透视表的使用。
- 常见页面布局的设置。
- 设置表格样式。
- 隐藏行、列或工作表。
- 对工作表进行保护。

【实训内容】

打开实训素材文件"3-4.xlsx"，后续操作均基于此文件。

小丽是公司 HR，近期需要整理一下公司员工信息，为了保证员工信息的准确性，请协助小丽完成表格整理。

（1）员工信息表中存在 10 条重复项，请选择 A2:K31 单元格"删除重复项"，将重复的员工信息删除；并将剩余员工信息按照"部门名称"进行"升序"排序。

（2）在"员工信息表"工作表中，利用条件格式将"工资"所在列高于平均值的单元格设置为"浅红填充色深红色文本"，低于平均值的单元格设置为"绿填充色深绿色文本"；利用条件格式将"当前状态"所在列内容为"离职"的单元格设置为"黄填充色深黄色文本"。

（3）在"员工信息表"工作表中汇总信息，需要计算几个关键数据，计算结果记录在以下关键数据的右侧空白单元格中：

①员工总数：使用"COUNT 函数"计算公司员工总数。

②工资总额：使用"SUM 函数"计算所有员工的工资总额。

③平均薪资：使用 AVERAGE 函数计算所有员工的"平均薪资"。

（4）小丽希望了解各部门人员的离职情况，请根据下述要求完成操作：

①将 A1:K21 生成数据透视表，放置在"统计表"工作表中。

②利用透视表统计各部门员工当前状态的人数分布情况，要求"值"区域按"当前状态"计数，结果见表 3-1。

表 3-1　员工当前工作状态示例

部门名称	离职	在职	总计
××1 部	××	××	××
××2 部	××	××	××
××3 部	××	××	××
××4 部	××	××	××
总计	××	××	××

③透视表中的"部门名称"列按"降序"排序，排序依据为"计数项：当前状态"。

（5）对"员工信息表"工作表进行打印页面设置：

①将"员工信息表"工作表设置为"横向"，缩放比例为"120%"，打印在"A5纸"上。

②将 A1:K21 区域设置为打印区域。

（6）为了美化"员工信息表"工作表的显示效果，选中 A1:K21 区域插入表格，表格样式修改为"中等-表样式中等深浅 4"。

（7）为了确保员工信息的安全，请根据下述要求完成操作：

①在"员工信息表"工作表中，隐藏"联系电话"所在列，并将当前工作表设置成默认禁止编辑。

②隐藏"统计表"工作表。

部分表格最终效果如图 3-19 所示。

图 3-19　实训素材 3-4 成品效果

【实训步骤】

（1）删除表格的重要数据

步骤 1：打开素材文件"3-4.xlsx"，点击"员工信息表"工作表中的任意数据单元格，点击"数据"→"删除重复项"按钮，打开"删除重复项"对话框，如图 3-20 所示。

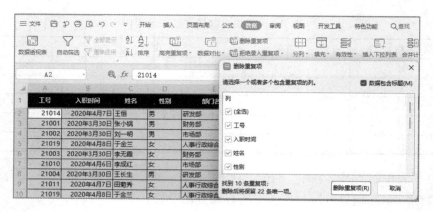

图 3-20 删除重复数据

步骤 2：在"删除重复项"对话框中，保持默认设置，点击"删除重复项"按钮。

步骤 3：选中 E 列，点击"开始"→"排序"→"升序"菜单命令，保持默认设置，点击"确定"按钮。

步骤 4：选中第 4 行，按"Ctrl＋C"组合键进行剪切，选中第 24 行并右击，在弹出的快捷菜单中选择"插入已剪切的单元格"。

步骤 5：选中 A21:K21 单元格区域，点击"开始"→"框线"→"所有框线"菜单命令。

（2）为表格的列设置条件格式

步骤 1：选中 J 列，点击"开始"→"条件格式"→"项目选取规则"→"高于平均值"菜单命令，打开"高于平均值"对话框，点击"确定"按钮，如图 3-21 所示。

步骤 2：重复步骤 1，为低于平均值的单元格设置"绿填充色深绿色文本"效果。

步骤 3：选中 K 列，点击"开始"→"条件格式"→"突出显示单元格规则"→"等于"菜单命令，打开"等于"对话框，在左侧文本框中输入"离职"，将"设置为"修改为"黄填充色深黄色文本"，点击"确定"按钮，如图 3-22 所示。

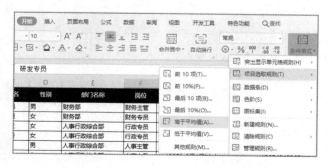

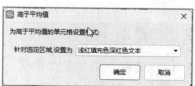

图 3-21 为 J 列设置条件格式

图 3-22 为 K 列设置条件格式

（3）计算表格的各项数据

步骤 1：选中 B23 单元格，输入函数"=COUNT(A2:A21)"并按回车键，计算公司员工总数。

步骤 2：选中 D23 单元格，输入函数"=SUM(J2:J21)"并按回车键，计算所有员工的工资总额。

步骤 3：选中 F23 单元格，输入函数"=AVERAGE(J2:J21)"并按回车键，计算所有员工的平均薪资。

（4）创建数据透视表并设置效果

步骤 1：选中"员工信息表"工作表中 A1:K21 单元格区域，点击"插入"→"数据透视表"按钮，打开"创建数据透视表"对话框，将透视表放置在"统计表"的 A1 单元格，如图 3-23 所示。

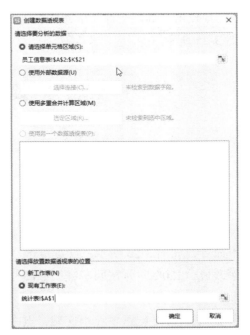

图 3-23 创建数据透视表

步骤 2：在右侧的"数据透视表"任务窗格中，将部门名称拖至"行"区域，当前状态分别拖至"列"区域和"值"区域，如图 3-24 所示。

图 3-24　设置透视表

步骤 3：点击"部门名称"单元格右侧的下拉箭头，选择"降序"菜单命令，设置效果如图 3-25 所示。

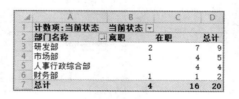

图 3-25　透视表效果

（5）设置打印区域

步骤 1：切换到"员工信息表"工作表，点击"页面布局"→"纸张方向"→"横向"菜单命令，如图 3-26 所示；继续点击"页面布局"→"打印缩放"菜单命令，将缩放比例改成"120%"并按回车键，如图 3-27 所示；继续点击"页面布局"→"纸张大小"→"A5"菜单命令，如图 3-28 所示。

步骤 2：选中 A1:K21 单元格区域，点击"页面布局"→"打印区域"→"设置打印区域"菜单命令，如图 3-29 所示。

图 3-26　设置纸张方向为"横向"　　图 3-27　设置缩放比例

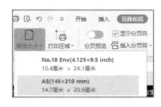

图 3-28　设置纸张大小　　图 3-29　设置打印区域

（6）套用表格样式

步骤1：选中 A1:K21 单元格区域，点击"开始"→"表格样式"按钮。

步骤2：在打开的下拉列表中，先切换至"中色系"选项卡，选中列表区域的"表样式中等深浅4"项。

步骤3：打开"套用表格样式"对话框，点击"确定"按钮。

（7）保护工作表

步骤1：选中"员工信息表"工作表的 I 列并右击，选择"隐藏"菜单命令。

步骤2：右击"员工信息表"工作表标签，在弹出的快捷菜单中选择"保护工作表"菜单命令，打开"保护工作表"对话框，点击"确定"按钮，如图3-30所示。

图 3-30　设置工作表禁止编辑

步骤 3：右击"统计表"工作表标签，在弹出的快捷菜单中选择"隐藏"菜单命令。

步骤 4：按"Ctrl + S"组合键对最终文件进行保存，关闭"3-4.xlsx"。

实训 5   编辑年终绩效表

【实训目的】

- 为单元格添加批注。
- 工龄的计算。
- 对表格进行分列。
- vlookup 函数的使用。
- countifs 函数的使用。
- 图表的插入与设置。
- 按条件筛选功能的使用。

【实训内容】

打开实训素材文件"3-5.xlsx"，后续操作均基于此文件。

人事部小张要在年终总结前制作绩效表格，收集相关绩效评价并制作相应的统计表和统计图，最后打印存档，请帮其完成相关工作。

（1）在"员工绩效汇总"工作表的 G1 单元格上增加一个批注，内容为"工龄计算，满一年才加 1。例如：2022-11-22 入职，到 2024-10-01，工龄为 1 年。"

（2）在"员工绩效汇总"工作表的"工龄"列的空白单元格（G2:G201）中，输入公式，使用函数 DATEDIF 计算截至今日的"工龄"。注意，每满一年工龄加 1，"今日"指每次打开本工作簿的动态时间。

（3）打开素材文件夹下的素材文档"绩效后台数据.txt"（.txt 为文件扩展名），完成下列任务：

①将"绩效后台数据.txt"中的全部内容复制、粘贴到"Sheet3"工作表中 A1 单元格，将"工号""姓名""级别""本期绩效""本期绩效评价"的内容依次拆分到 A～E 列中，效果如图 3-31 所示。

注意：在拆分列的过程中，要求将"级别"（C 列）的数据类型指定为"文本"。

	A	B	C	D	E
1	工号	姓名	级别	本期绩效	本期绩效评价
2	A0436	胡PX	1-9	S	（评价85）
3	A1004	牛OJ	2-1	C	（评价186）
4	A0908	王JF	3-2	C	（评价174）
5	...	...	...	...	...

图 3-31　分列后的效果

②使用包含查找引用类函数的公式，在"员工绩效汇总"工作表的"绩效"列（H2:H201）和"评价"列（I2:I201）中，按"工号"引用"Sheet3"工作表中对应记录的"绩效""评价"数据。

（4）为方便在"员工绩效汇总"工作表中查看数据，请设置在滚动翻页时，标题行（第 1 行）始终显示。

（5）在"统计"工作表的 B2 单元格中输入公式，统计"员工绩效汇总"工作表中研发中心博士后的人数。然后，将 B2 单元格中的公式复制并粘贴在 B2:G4 单元格区域（请注意单元格引用方式），统计出研发中心、生产部、质量部这三个主要部门中不同学历的人数。

（6）在"统计"工作表中，根据"部门"的"（合计）"数据，按下列要求制作图表：

①对 3 个部门的总人数制作一个对比饼图，插入在"统计"工作表中。

②在饼图中，需要显示 3 个部门的图例。

③每个部门对应的扇形，需要以百分比的形式显示数据标签。

（7）对"员工绩效汇总"工作表的数据列表区域设置自动筛选，并把"姓名"中姓"陈"和姓"张"的名字同时筛选出来。最后，请保存文档。

部分表格最终效果如图 3-32 所示。

图 3-32　实训素材 3-5 成品效果

【实训步骤】

（1）为单元格添加批注

步骤 1：打开素材文件"3-5.xlsx"，在"员工绩效汇总"工作表中，选中 G1 单元格，在"审阅"选项卡中，选择"新建批注"选项或右击 G1 单元格，选择"插入批注"菜单命令。

步骤 2：在批注栏中输入"工龄计算，满一年才加 1。例如：2022-11-22 入职，到 2024-10-01，工龄为 1 年。"

（2）为表格输入公式及填充数据

步骤 1：在"员工绩效汇总"工作表中，选中 G2 单元格，在公式栏中输入："=DATEDIF(F2,TODAY(),"y")"，按回车键确认。

步骤 2：在"员工绩效汇总"工作表中，选中 G2 单元格，双击 G2 单元格右下角填充句柄，将数据填充至 G201 单元格。

（3）对表格进行分列

步骤 1：打开素材文件夹，双击打开素材文档"绩效后台数据.txt"。将"绩效后台数据.txt"中的全部内容复制粘贴到"Sheet3"工作表的 A1 单元格。点击"数据"→"分列"按钮，打开"文本分列"向导，选择"分隔符号"选项，点击"下一步"按钮，在"分隔符号"选项中，选中"逗号"复选框，点击"下一步"按钮，在"数据预览"列表区域选择"级别"列，在"列数据类型"选项中选择"文本"选项，点击"完成"按钮，如图 3-33 所示。

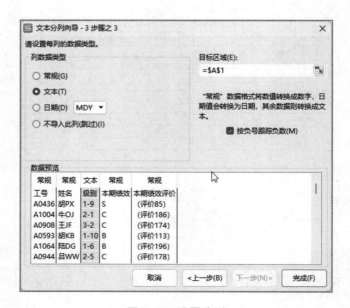

图 3-33　设置分列

步骤 2：在"员工绩效汇总"工作表中，选中 H2 单元格，在公式栏中输入："=VLOOKUP (A2,Sheet3!$A$2:$E$201,4，FALSE)"，按回车键确认。

步骤 3：继续选定"员工绩效汇总"工作表中的 I2 单元格，在公式栏中输入："=VLOOKUP (A2,Sheet3!$A$2:$E$201,5,FALSE)"，按回车键确认。选定 H2:I2 单元格区域，双击区域右下角的填充句柄，将数据填充至 H201:I201 单元格区域。

（4）冻结表格首行

在"员工绩效汇总"工作表中，点击"视图"→"冻结窗格"→"冻结首行"菜单命令。

（5）输入公式

步骤 1：在"统计"工作表中，选中 B2 单元格，输入公式"=COUNTIFS（员工绩效汇总!$D$2:$D$201,B1,员工绩效汇总!$E$2:$E$201,$A$2）"，按回车键确认。

步骤 2：在"统计"工作表中，选中 B3 单元格，输入公式"=COUNTIFS（员工绩效汇总!$D$2:$D$201,B1,员工绩效汇总!$E$2:$E$201,$A$3）"，按回车键确认。

步骤 3：在"统计"工作表中，选中 B4 单元格，输入公式"=COUNTIFS（员工绩效汇总!$D$2:$D$201,B1,员工绩效汇总!$E$2:$E$201,$A$4）"，按回车键确认。

步骤 4：选中 B2:B4 单元格区域，拖动选中区域右下角的填充句柄向右至 G 列，在 H2 单元格输入公式"=SUM(B2:G2)"并按回车键，再次选中 H2 单元格，双击右下角的填充句柄向下填充数据。

（6）插入饼图并设置分列

步骤 1：在"统计"工作表中，选中 A1:A4 单元格，按住"CTRL"键的同时，选中 H1:H4 单元格，点击"插入"→"插入饼图或圆环图"→"饼图"菜单命令，如图 3-34 所示。

图 3-34 插入饼图

步骤 2：点击图表右上角"图表元素"按钮，再点击"数据标签"→"数据标签外"菜单命令。继续点击"数据标签"→"更多选项"菜单命令，在右侧弹出的"属性"窗格中选中"标签包括"中的"百分比"复选框，如图 3-35 所示。

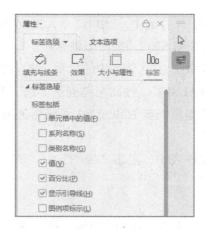

图 3-35　设置分列

（7）设置表格数据的自动筛选

步骤 1：在"员工绩效汇总"工作表中，点击"数据"→"自动筛选"按钮，点击"姓名"单元格右侧的筛选器按钮，选择"文本筛选"中的"开头是"选项，在弹出的"自定义自动筛选方式"对话框中分别输入"陈"和"张"，"条件"选择为"或"，如图 3-36 所示，点击"确定"按钮。

图 3-36　筛选姓"陈"或姓"张"的名字

步骤 2：按"Ctrl + S"组合键对最终文件进行保存，关闭文件"3-5.xlsx"。

实训 6　统计年度差旅报销情况

【实训目的】

- 自定义日期类型的设置。
- if 函数的使用。
- vlookup 函数的使用。
- sumifs 函数的使用。

【实训内容】

打开实训素材文件“3-6.xlsx”，后续操作均基于此文件。

财务部助理小王需要向主管汇报 2023 年度公司差旅报销情况，现在按照如下需求完成工作：

（1）在“费用报销管理”工作表“日期”列的所有单元格中，标注每个报销日期属于星期几，如日期为“2023 年 1 月 20 日”的单元格应显示为“2023 年 1 月 20 日星期五”，日期为“2023 年 1 月 21 日”的单元格应显示为“2023 年 1 月 21 日星期六”。

（2）如果“日期”列中的日期为星期六或星期日，则在“是否加班”列的单元格中显示“是”，否则显示“否”（必须使用公式）。

（3）使用公式统计每个活动地点所在的省份或直辖市，并将其填写在“地区”列所对应的单元格中，如“北京市”“浙江省”。

（4）依据“费用类别编号”列内容，使用 VLOOKUP 函数，生成“费用类别”列内容。对照关系参考“费用类别”工作表。

（5）在“差旅成本分析报告”工作表 B3 单元格中，统计 2023 年第二季度发生在北京市的差旅费用总金额。

（6）在“差旅成本分析报告”工作表 B4 单元格中，统计 2023 年员工钱顺卓报销的火车票费用总额。

（7）在“差旅成本分析报告”工作表 B5 单元格中，统计 2023 年差旅费用中飞机票费用占所有报销费用的比例，并保留 2 位小数。

（8）在“差旅成本分析报告”工作表 B6 单元格中，统计 2023 年发生在周末（星期六和星期日）的通信补助总金额。

部分表格最终效果如图 3-37 所示。

	A	B	C	D	E	F	G	H
1	Contoso 公司差旅报销管理							
2	日期	报销人	活动地点	地区	费用类别编号	费用类别	差旅费用金额	是否加班
3	2023年1月20日 星期五	孟天祥	福建省厦门市思明区莲岳路118号中烟大厦1702室	福建省	BIC-001	飞机票	¥ 120.00	否
4	2023年1月21日 星期六	陈祥通	广东省深圳市南山区蛇口港湾大道2号	广东省	BIC-002	酒店住宿	¥ 200.00	是
5	2023年1月22日 星期日	王天宇	上海市闵行区浦星路699号	上海市	BIC-003	餐饮费	¥ 3,000.00	是
6	2023年1月23日 星期一	方文成	上海市浦东新区世纪大道100号上海环球金融中心56楼	上海市	BIC-004	出租车费	¥ 300.00	否
7	2023年1月24日 星期二	钱顺卓	海南省海口市琼山区红城湖路22号	海南省	BIC-005	火车票	¥ 100.00	否
8	2023年1月25日 星期三	王崇江	云南省昆明市官渡区拓东路6号	云南省	BIC-006	高速道桥费	¥ 2,500.00	否
9	2023年1月26日 星期四	黎浩然	广东省深圳市龙岗区坂田	广东省	BIC-007	燃油费	¥ 140.00	否
10	2023年1月27日 星期五	刘露露	江西省南昌市西湖区洪城路289号	江西省	BIC-005	火车票	¥ 200.00	否
11	2023年1月28日 星期六	陈祥通	北京市海淀区东北旺西路8号	北京市	BIC-006	高速道桥费	¥ 345.00	是
12	2023年1月29日 星期日	徐志晨	北京市西城区西绒线胡同51号中国会	北京市	BIC-007	燃油费	¥ 22.00	是
13	2023年1月30日 星期一	张哲宇	贵州省贵阳市云岩区中山西路51号	贵州省	BIC-008	停车费	¥ 246.00	否

	A	B
1	差旅成本分析报告	
2	统计项目	统计信息
3	2023年第二季度发生在北京市的差旅费用金额总计为：	¥ 31,420.47
4	2023年钱顺卓报销的火车票费用总计金额为：	¥ 1,871.60
5	2023年差旅费用金额中，飞机票占所有报销费用的比例为（保留2位小数）	4.60%
6	2023年发生在周末（星期六和星期日）的通信补助总金额为：	¥ 9,102.40

图 3-37 实训素材 3-6 成品效果

【实训步骤】

（1）设置日期格式

步骤 1：打开素材文件"3-6.xlsx"。

步骤 2：选中 A 列并右击，在弹出的快捷菜单中选择"设置单元格格式"命令，在左侧的分类列表框中选中"自定义"项，在右侧"类型"框中输入"yyyy"年"m"月"d"日"aaaa，如图 3-38 所示，点击"确定"按钮。

图 3-38　设置 A 列日期格式

（2）使用计函数并设置数据添加方式

步骤 1：选中 H3 单元格，输入公式"=IF(WEEKDAY(A3,2)>5,"是","否")"并按回车键，选中 H3 单元格，双击右下角的填充柄，将 H3 单元格中的公式快速向下填充。

步骤 2：点击填充区域右下角的"自动填充选项"，选择"不带格式填充"，如图 3-39 所示。

图 3-39　设置 H 列数据添加方式

步骤 3：删除 H402 单元格中的数据。

（3）使用 MID 函数并快速填充表格数据

步骤 1：选中 D3 单元格，输入公式"=MID(C3,1,3)"并按回车键，选中 D3 单元格，双击右下角的填充柄，将 D3 单元格中的公式快速向下填充。

步骤 2：点击选中区域右下角的"自动填充选项"，选择"不带格式填充"，如图 3-39 所示。

（4）使用 VLOOKUP 函数快速填充表格

步骤 1：选中 F3 单元格，输入公式"=VLOOKUP(E3,表 4,2,0)"并按回车键，选中 F3 单元格，双击右下角的填充柄，将 F3 单元格中的公式快速向下填充。

步骤 2：点击选中区域右下角的"自动填充选项"，选择"不带格式填充"，如图 3-39 所示。

（5）使用 SUMIFS 函数计算差旅成本

切换至"差旅成本分析报告"工作表，将光标定位在 B3 单元格，输入公式"=SUMIFS(费用报销管理!G3:G401,费用报销管理!A3:A401,">=2023-4-1",费用报销管理!A3:A401,"<=2023-6-30",费用报销管理!D3:D401,"北京市")"并按回车键。

（6）使用 SUMIFS 函数计算报销费用

选中 B4 单元格，输入公式"=SUMIFS(费用报销管理!G3:G401,费用报销管理!A3:A401,">=2023-1-1",费用报销管理!A3:A401,"<=2023-12-31",费用报销管理!B3:B401,"钱顺卓",费用报销管理!F3:F401,"火车票")"并按回车键。

（7）使用 SUMIFS 函数计算飞机票费用的互比

选中 B5 单元格，输入公式"=SUMIFS(费用报销管理! G3:G401,费用报销管理!A3:A401,">=2023-1-1",费用报销管理! A3:A401,"<=2023-12-31",费用报销管理!F3:F401,"飞机票")/SUM(费用报销管理! G3:G401)"并按回车键。

（8）使用 SUMIFS 函数计算通信补助总额

步骤 1：选中 B6 单元格，输入公式"=SUMIFS(费用报销管理!G3:G401,费用报销管理! A3:A401,">=2023-1-1",费用报销管理! A3:A401,"<=2023-12-31",费用报销管理!F3:F401,"通信补助",费用报销管理!H3:H401,"是")"并按回车键。

步骤 2：按"Ctrl + S"组合键对最终文件进行保存，关闭"3-6.xlsx"。

实训 7　制作员工工资表

【实训目的】

- 设置单元格格式。
- 设置表格的页面。
- if 语句的嵌套使用。
- 工作表的复制与重命名。
- 分类汇总功能的使用。

【实训内容】

打开实训素材文件“3-7.xlsx”，后续操作均基于此文件。

小李是东方公司的会计，为节省时间，同时又确保记账的准确性，她使用 WPS 编制了员工工资表。请根据素材文件夹下“WPS 素材.xlsx”中的内容，帮助小李完成工资表的整理和分析工作。具体要求如下（提示：本题中若出现排序问题则采用升序方式）：

（1）通过合并单元格，将表名“东方公司 2024 年 3 月员工工资表”放于整个工作表的上端、居中，并调整字体为“幼圆”、字号为“18 磅”。

（2）在“序号”列中分别填入 1 到 15，将其数据格式设置为数值、保留 0 位小数、居中。

（3）将“基础工资”（含）右侧各列设置为会计专用格式、保留 2 位小数、无货币符号。

（4）调整表格各列宽度、对齐方式，使得显示更加美观。并设置纸张大小为 A4、横向，整个工作表需调整在 1 个打印页内。

（5）参考素材文件夹下 “工资薪金所得税率.xlsx”文件的内容，利用 IF 函数计算“应交个人所得税”列。

（提示：应交个人所得税 = 应纳税所得额 × 对应税率 − 对应速算扣除数）

（6）利用公式计算“实发工资”列，公式为：实发工资 = 应付工资合计 − 扣除社保 − 应交个人所得税。

（7）复制工作表“2024 年 3 月”，将副本放置到原工作表的右侧，并将新工作表命名为“分类汇总”。

（8）在“分类汇总”工作表中通过分类汇总功能求出各部门“应付工资合计”“实发工资”的和，每组汇总数据不分页。

部分表格最终效果如图 3-40 所示。

东方公司2024年3月员工工资表

序号	员工工号	姓名	部门	基础工资	奖金	补贴	扣除病事假	应付工资合计	扣除社保	应纳税所得额	应交个人所得税	实发工资
1	DF001	包宏伟	管理	40,600.00	500.00	260.00	230.00	41,130.00	460.00	37,170.00	8,396.00	32,274.00
2	DF002	陈万地	管理	3,500.00		260.00	352.00	3,408.00	309.00	-	-	3,099.00
3	DF003	张惠	行政	12,450.00	500.00	260.00		13,210.00	289.00	9,421.00	1,350.25	11,570.75
4	DF004	闫朝霞	人事	6,050.00		260.00	130.00	6,180.00	360.00	2,320.00	127.00	5,693.00
5	DF005	吉祥	研发	6,150.00		260.00		6,410.00	289.00	2,621.00	157.10	5,963.90
6	DF006	李燕	管理	6,350.00	500.00	260.00		7,110.00	289.00	3,321.00	227.10	6,593.90
7	DF007	李娜娜	管理	10,550.00		260.00		10,810.00	206.00	7,104.00	865.80	9,738.20
8	DF008	刘康锋	研发	15,550.00	500.00	260.00	155.00	16,155.00	308.00	12,347.00	2,081.75	13,765.25
9	DF009	刘鹏举	销售	4,100.00		260.00		4,360.00	289.00	571.00	17.13	4,053.87
10	DF010	倪冬声	研发	5,800.00		260.00	25.00	6,035.00	289.00	2,246.00	119.60	5,626.40
11	DF011	齐飞扬	销售	5,050.00		260.00		5,310.00	289.00	1,521.00	47.10	4,973.90
12	DF012	苏解放	研发	3,000.00		260.00		3,260.00	289.00	-	-	2,971.00
13	DF013	孙玉敏	管理	12,450.00	500.00	260.00		13,210.00	289.00	9,421.00	1,350.25	11,570.75
14	DF014	王清华	行政	4,850.00		260.00		5,110.00	289.00	1,321.00	39.63	4,781.37
15	DF015	谢如康	管理	9,800.00		260.00		10,060.00	309.00	6,251.00	695.20	9,055.80

东方公司2024年3月员工工资表

序号	员工工号	姓名	部门	基础工资	奖金	补贴	扣除病事假	应付工资合计	扣除社保	应纳税所得额	应交个人所得税	实发工资
			管理 汇总					85,728.00				72,331.65
			行政 汇总					18,320.00				16,352.12
			人事 汇总					6,180.00				5,693.00
			销售 汇总					9,670.00				9,027.77
			研发 汇总					31,860.00				28,326.55
			总计					151,758.00				131,731.09

图 3-40　实训素材 3-7 成品效果

【实训步骤】

（1）设置表名居中

步骤 1：打开素材文件"3-7.xlsx"。

步骤 2：选中 A1:M1 区域，点击"开始"→"合并居中"按钮，如图 3-41 所示。

图 3-41 设置表名合并居中

步骤 3：将字体改为"幼圆"，字号改为"18 磅"。

（2）设置数据样式

步骤 1：选中 A3 单元格，输入"1"并按回车键，在 A4 单元格输入"2"，选中 A3、A4 两个单元格，双击右下角的填充柄。

步骤 2：选中 A 列并右击，在弹出的快捷菜单中选择"设置单元格格式"命令，在左侧的分类列表框中选中"数值"项，将右侧小数位数设置为"0"，如图 3-42 所示，点击"确定"按钮。

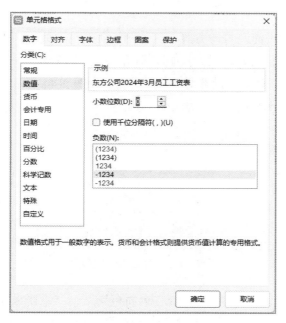

图 3-42 设置 A 列数据格式

（3）设置数据格式

选中 E 至 M 列并右击，在弹出的快捷菜单中选择"设置单元格格式"命令，在左侧的分类列表框中选中"会计专用"项，将右侧小数位数设置为"2"，货币符号设置为"无"，如图 3-43 所示，点击"确定"按钮。

图 3-43　设置 E 至 M 列数据格式

（4）设置表格的页面及打印方式

步骤 1：选中 A2:M17 区域，点击"开始"→"行和列"→"列宽"菜单命令，在弹出的对话框中将"列宽"设置为"14"字符，如图 3-44 所示，点击"确定"按钮。点击"开始"→"对齐方式"→"居中"按钮。

图 3-44　设置数据区域列宽

步骤 2：选中 A1:M17 区域，点击"页面布局"→"纸张大小"→"A4"菜单命令，点击"页面布局"→"纸张方向"→"横向"菜单命令；点击"页面布局"→"页面设置"功能区右下角的对话框启动器按钮，在弹出的对话框中选中"调整为"单选按钮，如图 3-45 所示，点击"确定"按钮。

图 3-45　设置打印方式

（5）嵌套使用 if 语句

步骤 1：打开素材文件夹中的"工资薪金所得税率"文件，参考其中的数据完成步骤 2 的操作。

步骤 2：在"2024 年 3 月"工作表的 L3 单元格输入公式"=IF(K3>800000,K3*0.45-13505, IF(K3>55000,K3*0.35-5505,IF(K3>35000,K3*0.3-2755,IF(K3>9000,K3*0.25-1005, IF(K3>4500,K3*0.2-555,IF(K3>1500,K3*0.1-105,K3*0.03))))))"并按回车键，选中 L3 单元格，双击右下角的填充柄，将公式快速向下填充。

（6）使用公式计算表格数据

选中 M3 单元格，输入公式"=I3-J3-L3"并回车，选中 M3 单元格，双击右下角的填充柄，将公式快速向下填充。

（7）复制工作表

步骤 1：右击"2024 年 3 月"工作表标签，在弹出的快捷菜单中选择"移动或复制工作表"菜单命令，在弹出的对话框中选择"Sheet2"，选中"建立副本"复选框，如图 3-46 所示，点击"确定"按钮。

步骤 2：右击"2024 年 3 月（2）"工作表标签，在弹出的快捷菜单中选择"重命名"菜单命令，输入"分类汇总"并按回车键。

（8）为表格设置分类汇总

步骤 1：选中 D 列任意数据单元格，点击"开始"→"排序"→"升序"菜单命令，如图 3-47 所示。

步骤 2：选中 A2:M17 区域，点击"数据"→"分类汇总"菜单命令，在弹出的对话框中，分类字段选择"部门"，汇总方式选择"求和"，选定汇总项中选中"实发工资"和"应付工资合计"复选框，如图 3-48 所示，点击"确定"按钮。

图 3-46　复制"2024 年 3 月"工作表

图 3-47　对 D 列数据进行升序排序

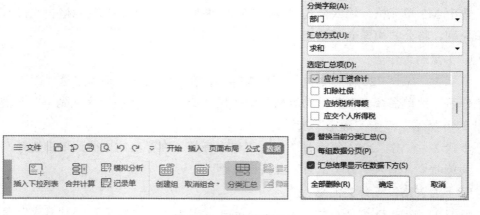

图 3-48　设置分类汇总

步骤 3：点击"分类汇总"工作表左上方的选项卡"2"。

步骤 4：保存对电子表格所做的更改，关闭所有打开的文件。

模块四

WPS Office 演示文稿

实训 1　美化宣讲文明用餐的演示文稿

【实训目的】

- 设置幻灯片背景。
- 在幻灯片中插入图片。
- 隐藏幻灯片的背景图形。
- 设置幻灯片中的字体格式。
- 设置幻灯片版式。
- 设置幻灯片动画效果。
- 为幻灯片中的元素设置超链接。

【实训内容】

打开实训素材文件"4-1.pptx"，后续操作均基于此文件。

为了倡导文明用餐，制止餐饮浪费行为，形成文明、科学、理性、健康的饮食消费理念，我校宣传部决定开展一次全校师生的宣讲会，以加强宣传引导，汪小苗将负责为此次宣传会制作一份演示文稿，请帮助她完成这项任务。

（1）通过编辑母版功能，对演示文稿进行整体性设计：

①将素材文件夹下的"背景.png"图片统一设置为所有幻灯片的背景。

②将素材文件夹下的图片"光盘行动 logo.png"批量添加到所有幻灯片页面的右上角，然后单独调整"标题幻灯片"版式的背景格式使其"隐藏背景图形"。

③将所有幻灯片中的标题字体统一修改为"黑体"。将所有应用了"仅标题"版式的幻灯片（第 2、4、6、8、10 页）的标题字体颜色修改为自定义颜色，RGB 值为"红色 248、绿色 192、蓝色 165"。

（2）将过渡页幻灯片（第 3、5、7、9 页）的版式布局更改为"节标题"版式。

（3）按下列要求，对标题幻灯片（第 1 页）进行排版美化：

①美化幻灯片标题文本，为主标题应用艺术字的预设样式"渐变填充-金色，轮廓-着色 4"，为副标题应用艺术字的预设样式"填充–白色，轮廓–着色 5，阴影"。

②为幻灯片标题设置动画效果，主标题以"劈裂"方式进入、方向为"中央向左

右展开"，副标题以"切入"方式进入、方向为"自底部"，并设置动画开始方式为鼠标点击时主、副标题同时进入。

（4）按下列要求，为演示文稿设置目录导航的交互动作：

①为目录幻灯片（第 2 页）中的 4 张图片分别设置超链接动作，使其在幻灯片放映状态下，通过鼠标点击操作，即可跳转到相对应的节标题幻灯片（第 3、5、7、9 页）。

②通过编辑母版，为所有幻灯片统一设置返回目录的超链接动作，要求在幻灯片放映状态下，通过鼠标点击各页幻灯片右上角的图片，即可跳转回到目录幻灯片。

部分幻灯片最终效果如图 4-1 所示。

图 4-1　实训素材 4-1 成品效果

【实训步骤】

（1）设置幻灯片背景

步骤 1：打开素材文件"4-1.pptx"，点击"视图"→"幻灯片母版"按钮。选中"母版"幻灯片（即第 1 张幻灯片母版），点击"幻灯片母版"→"背景"按钮，在右侧弹出的"对象属性"窗格中，选中"图片或纹理填充"单选按钮，点击"图片填充"选项右侧的"请选择图片"→"本地文件"菜单命令，如图 4-2 所示，打开"选择纹理"对话框，找到并选中素材文件夹下的"背景.png"文件，点击"打开"按钮。

图 4-2　设置幻灯片背景为本地图片

步骤 2：点击"插入"→"图片"按钮，打开"插入图片"对话框，找到并选中素材文件夹下的"光盘行动 logo.png"图片，点击"打开"按钮。点击"图片工具"→"对齐"→"右对齐"菜单命令，如图 4-3 所示，继续点击"图片工具"→"对齐"→"靠上对齐"菜单命令。在图片上右击，在弹出的快捷菜单中选择"超链接"菜单命令，在弹出的"超链接"对话框中选择"本文档中的位置"选项，选择第 2 张幻灯片，点击"确定"按钮。

图 4-3　设置图片对齐方式

步骤 3：选中"标题幻灯片版式"幻灯片（即第 2 张幻灯片母版），在右侧的"对象属性"窗格中选中"隐藏背景图形"复选框，如图 4-4 所示。

图 4-4　隐藏标题幻灯片中的背景图形

步骤 4：选中"母版"幻灯片（即第 1 张幻灯片母版），选中标题文本，点击"开始"→"字体"→"黑体"菜单命令。

步骤 5：选中"仅标题 版式"幻灯片（即第 4 张幻灯片母版），选中标题文本，点击"开始"→"字体颜色"→"其他字体颜色"菜单命令，打开"颜色"对话框，切换到"自定义"选项卡，将 RGB 值分别改为"红色 248、绿色 192、蓝色 165"，点击"确定"按钮，如图 4-5 所示。

步骤 6：点击"幻灯片母版"→"关闭"按钮，退出母版编辑状态。

（2）设置幻灯片版式

步骤 1：在左侧的"幻灯片浏览"窗格中，选中第 3 张幻灯片，按住"Ctrl"键，依次选中第 5、7、9 张幻灯片。

步骤 2：点击"开始"→"版式"→"节标题"选项，如图 4-6 所示。

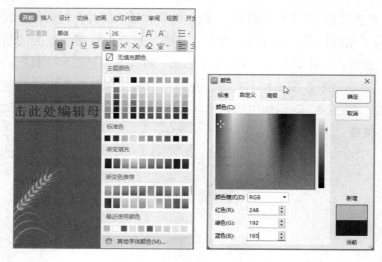

图 4-5　设置标题颜色

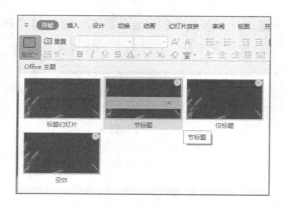

图 4-6　设置幻灯片版式为"节标题"

（3）设置艺术字与动画效果

步骤 1：在左侧的"幻灯片浏览"窗格中，选中第 1 张幻灯片，选中标题文本框，在"文本工具"选项卡中选择艺术字的预设样式为"渐变填充–金色，轮廓–着色 4"，如图 4-7 所示。

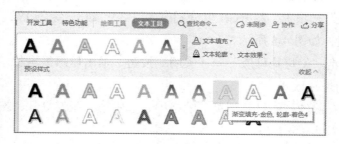

图 4-7　修改艺术字样式

步骤 2：点击"动画"→"进入"→"劈裂"动画选项，如图 4-8 所示。点击"动画"→"自定义动画"按钮，在右侧的"自定义动画"窗格中设置方向为"中央向左右展开"，如图 4-9 所示。

图 4-8　设置动画效果

图 4-9　修改主标题动画选项

步骤 3：选中副标题文本框，在"文本工具"选项卡中选择艺术字的预设样式为"填充–白色，轮廓–着色 5，阴影"。

步骤 4：点击"动画"→"进入"→"切入"动画选项，在右侧的"自定义动画"窗格中设置方向为"自底部"、"开始"设置为"之前"，如图 4-10 所示。

图 4-10　修改副标题动画选项

（4）设置幻灯片的超链接

步骤 1：在左侧的"幻灯片浏览"窗格中，选中目录幻灯片（即第 2 张幻灯片），选中第 1 张图片并右击，在弹出的快捷菜单中选择"超链接"命令，在弹出的"超链接"对话框中选择"本文档中的位置"选项，选择第 3 张幻灯片，点击"确定"按钮，如图 4-11 所示。

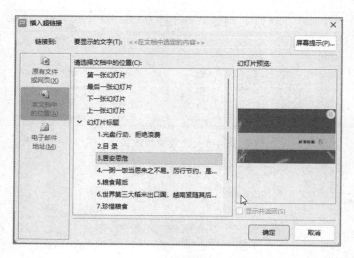

图 4-11　设置超链接

步骤 2：重复步骤 1，按要求依次对本幻灯片中的其他图片进行超链接设置。

步骤 3：按"Ctrl + S"组合键对最终文件进行保存，关闭文件"4-1.pptx"。

实训 2　制作宣传世界海洋日的演示文稿

【实训目的】

- 重命名幻灯片母版。
- 设置幻灯片编辑的页眉与页脚。
- 在幻灯片中插入表格并美化。
- 在幻灯片中插入视频并设置。
- 新建自定义放映方案。
- 设置幻灯片切换效果。

【实训内容】

打开实训素材文件"4-2.pptx"，后续操作均基于此文件。

请制作一份宣传世界海洋日的演示文稿，该演示文稿共包含 11 张，制作过程中请不要新增、删减幻灯片，或更改幻灯片的顺序。

（1）将幻灯片母版的名称从"Office 主题"重命名为"世界海洋日"。

（2）除了标题幻灯片外，给其他幻灯片分别在左下角显示固定日期"2021 年 6 月 8 日"，右下角显示幻灯片编号。

（3）在幻灯片 7 中插入一个 2 列 13 行的表格，用来显示占位符中的内容，表格的标题分别为"年份"和"主题"，原本显示文本的内容占位符需彻底删除；单元格中的所有内容设置"居中对齐"，且不换行显示；表格样式修改为"浅色样式 3 强调 2"，标题行的填充颜色修改为主题色"矢车菊蓝，着色 2，浅色 40%"。

（4）在第 10 张幻灯片通过内容占位符插入一个嵌入视频"海底世界.mp4"，设置放映时全屏播放，并将"视频.jpg"作为视频的预览图片。

（5）新建 3 个自定义放映方案，方案名称和包含的幻灯片分别为"Part1 设立起源"包含幻灯片 3～5，"Part2 历年主题"包含幻灯片 6～7，"Part3 环保知识"包含幻灯片 8～9。

（6）为演示文稿中的幻灯片 3～11 应用切换效果，幻灯片切换效果为"形状"，效果选项为"圆形"，速度设置为"1 s"，每一页的自动换片时间为"10 s"。

部分幻灯片最终效果如图 4-12 所示。

图 4-12　实训素材 4-2 成品效果

【实训步骤】

（1）母版的重命名

步骤 1：打开素材文件"4-2.pptx"，点击"视图"→"幻灯片母版"按钮，选择"母版"幻灯片（即第 1 张幻灯片母版）。

步骤 2：点击"幻灯片母版"→"重命名"按钮，打开"重命名"对话框，将"名称"修改为"世界海洋日"，点击"重命名"按钮，如图 4-13 所示。

图 4-13　重命名幻灯片母版

　　步骤 3：点击"幻灯片母版"→"关闭"按钮，退出母版编辑状态。

（2）设置页眉与页脚

　　步骤 1：在左侧的"浏览"窗格中，选中第 1 张幻灯片，点击"插入"→"页眉和页脚"选项，打开"页眉和页脚"对话框。

　　步骤 2：勾选"日期和时间"选项，在"固定"栏中输入"2021-6-8"，选中"幻灯片编号"复选框，继续选中"标题幻灯片不显示"复选框，点击"全部应用"按钮，如图 4-14 所示。

图 4-14　设置幻灯片页眉和页脚

（3）插入表格并美化

　　步骤 1：在左侧的"浏览"窗格中，选中第 7 张幻灯片，将右侧文本框中需转换成表格的文字复制、粘贴到 WPS 文字文档中。

　　步骤 2：选中 WPS 文字文档中粘贴的文字，点击"插入"→"表格"→"文本转换成表格"菜单命令，打开"将文字转换成表格"对话框，列数改成"2"，选中"其他字符"单选按钮，输入中文状态下的冒号"："，点击"确定"按钮，如图 4-15 所示。按演示文稿中的文本效果适当修改表格内容，最终表格为 2 列、13 行。

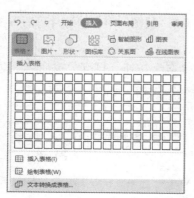

图 4-15　借助 WPS 文档快速转换成表格

步骤 3：在表格的顶部再插入一行，分别输入文字"年份"和"主题"。选中转换后的表格并按"Ctrl + C"组合键进行复制，回到演示文稿，将第 7 张幻灯片右侧下方文本框删除，按"Ctrl + V"组合键粘贴表格，再适当调整表格大小及其中文字的字号。

步骤 4：选中表格，点击"表格工具"→"居中对齐"按钮，如图 4-16 所示。在"表格样式"选项卡中选择样式为"浅色样式 3 强调 2"，如图 4-17 所示。选中标题行，在"表格样式"选项卡的"填充"选项中选择主题色为"矢车菊蓝，着色 2，浅色 40%"。

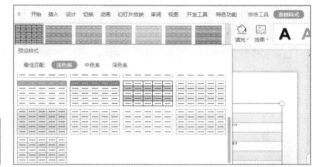

图 4-16　设置表格对齐方式　　　　　图 4-17　设置表格样式

（4）插入幻灯片并设置效果

步骤 1：在左侧的"浏览"窗格中选中第 10 张幻灯片，点击内容占位符中的"插入媒体"按钮，在弹出的"插入视频"对话框中选择素材文件夹下的"海底世界.mp4"，点击"打开"按钮。

步骤 2：在"视频工具"选项卡中，选中"全屏播放"复选框，在右侧的"视频封面"窗格中展开"封面图片"下拉列表，点击"选择图片文件"按钮，如图 4-18 所示。打开"选择图片"对话框，找到素材文件夹中的"视频.jpg"文件并选中，点击"打开"按钮。

图 4-18　设置视频播放效果及封面

（5）幻灯片的自定义放映

步骤 1：点击"幻灯片放映"→"自定义放映"按钮，打开"自定义放映"对话框，点击"新建"按钮，在弹出的"定义自定义放映"对话框中的"幻灯片放映名称"栏输入"Part1 设立起源"，将第 3～5 张幻灯片添加至"在自定义放映中的幻灯片"列表中，点击"确定"按钮，如图 4-19 所示。

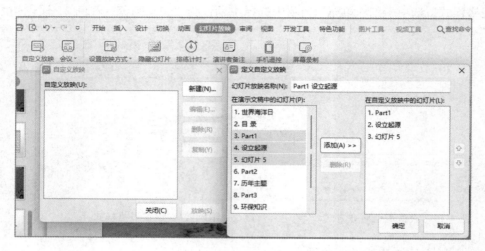

图 4-19　自定义放映方案"Part1"

步骤 2：继续点击"新建"按钮，在弹出的"定义自定义放映"对话框中，在"幻灯片放映名称"栏输入"Part2 历年主题"，将第 6～7 张幻灯片添加至"在自定义放映中的幻灯片"列表中，点击"确定"按钮；继续点击"新建"按钮，在弹出的"定义自定义放映"对话框中，在"幻灯片放映名称"栏输入"Part3 环保知识"，将第 8～9 张幻灯片添加至"在自定义放映中的幻灯片"列表中，点击"确定"按钮；继续点击"关闭"按钮。

（6）设置切换效果

步骤 1：在左侧的"浏览"窗格中，选中第 3～11 张幻灯片，点击"切换"→"形状"切换效果选项，"效果选项"设置为"圆形"，速度设置为"1s"，每一页的自动换片时间设置为"10s"，如图 4-20 所示。

图 4-20　设置幻灯片的切换效果

步骤 2：按"Ctrl + S"组合键对最终文件进行保存，关闭文件"4-2.pptx"。

实训 3　制作行业现状及趋势的演示文稿

【实训目的】

- 为幻灯片应用新的模板（注意：不是母版）。
- 设置幻灯片中文本的字体、字号与样式。
- 在幻灯片中插入表格并美化。
- 在幻灯片中插入图片并设置。
- 设置幻灯片动画效果及播放顺序。
- 在幻灯片中制作智能图形。
- 在幻灯片中插入图表并设置。
- 为幻灯片进行分节。

【实训内容】

打开实训素材文件"4-3.pptx"，后续操作均基于此文件。

前瞻产业研究院准备召开一次年会，秘书小王需要为领导制作一份关于中国电子商务行业发展现状及趋势分析的 PPT，演示文稿中涉及的大部分内容已组织在考生文件夹中的"SC.docx"文档中。请根据下面要求帮助小王来完成汇报 PPT 的制作和修饰。

（1）演示文稿共 10 张幻灯片，需要为每张幻灯片的页脚插入"前瞻产业研究院"这 7 个字，且为整个演示文稿应用素材文件夹下的"plan.potx"模板。

（2）第 1 张幻灯片版式为"标题幻灯片"，主标题为"中国电子商务行业发展现状及趋势分析"，副标题为"前瞻产业研究院"；主标题设置为隶书、32 磅字、预设样式为"填充-黑色，文本 1，轮廓-背景 1，清晰阴影-着色 5"，副标题为黑体、20 磅字、字体颜色为"海洋绿，着色 2，深色 25%"；主标题设置动画"进入-十字形扩展"，方向为"外"，速度"快速"，副标题设置动画"进入-飞入"，方向为"自左下部"，开始为"之后"。

（3）第 3 张幻灯片版式为"两栏内容"，标题为"电子商务概述"；将素材文件夹下的图片文件"tupian2.jpg"插入第 3 张幻灯片的右侧，图片的大小设置为"高度 6.5 厘米、宽度 10.2 厘米"，图片在幻灯片上的水平位置为"19.5 厘米"、相对于"左上角"，垂直位置为"−2 厘米"、相对于"居中"，图片轮廓为"4.5 磅""海洋绿，着色 2，深色 25%"；图片动画为"强调-陀螺旋"，数量为"180°逆时针"，开始为"之后""延迟 1 秒"；将素材文件夹中"SC.docx"文档中的相应文本复制、粘贴到左侧内容区，文本设置动画"进入-棋盘"，方向为"下"，速度"快速"；动画顺序是先文本后图片。

（4）第 4 张幻灯片版式为"仅标题"，标题为"我国电子商务行业发展历程"；在幻灯片中插入智能图形，具体效果如图 4-21 所示。

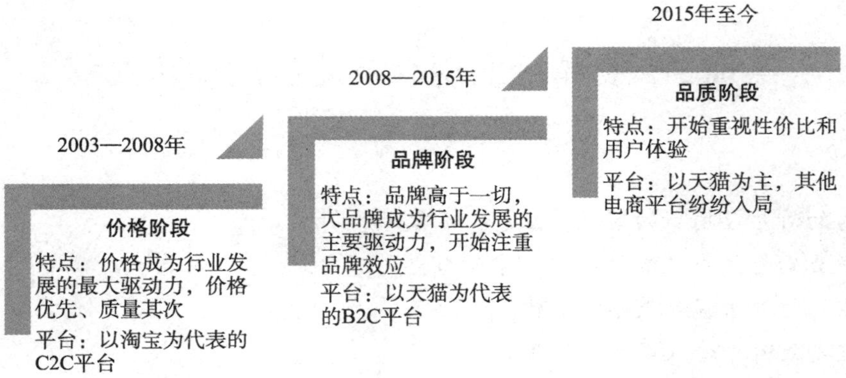

图 4-21 智能图形效果图

（5）第 5 张幻灯片版式为"两栏内容"，标题为"2013—2019 年中国电子商务交易规模"；左侧内容区插入一个 8 行 3 列的表格，表格内容见素材文件夹下的"SC.docx"文档，且为表格设置一个适合的样式；根据左侧内容区表格里的内容，在右侧内容区插入一个图表，图表以"年份"作为"横坐标"，"交易规模（万亿元）"作为"主纵坐标"，"增长率（%）"作为"次纵坐标"；横坐标的字体大小设置为 9 磅，次纵坐标的数字设置为"百分比"、小数位数为"0"；"交易规模（万亿元）"系列采用"簇状柱形图"，"增长率（%）"系列采用"折线图"；"增长率（%）"显示"数据标签"，标签位置"靠上"、数字类别为"百分比"、小数位数为"1"；"交易规模（万亿元）"系列显示"数据标签"，标签位置"居中"、数字类别为"数字"、小数位数为"2"；设置一个合适的图表样式，图表无标题，在顶部显示图例；图表动画设置为"进入-盒状"，方向为"外"，速度为"慢速"，开始为"之后""延迟 2 秒"。

（6）第 6 张幻灯片版式为"图片与标题"，标题为"预计 2024 年我国电商市场规模超 55 万亿元"；将素材文件夹下的图片文件"tupian1.jpg"插入到幻灯片的左侧，图片的大小设置为"宽度 13.5 厘米、锁定纵横比"，图片在幻灯片上的水平位置为"2厘米"、相对于"左上角"，垂直位置为"6 厘米"、相对于"左上角"，图片效果设置为"发光-发光变体-巧克力黄，18 pt 发光，着色 4"；图片动画为"进入-擦除"，方向为"自左侧"，速度"中速"，开始为"之后""延迟 1 秒"；将素材文件夹中"SC.docx"文档中的相应文本复制、粘贴到右侧内容区，内容文本的动画为"进入-切入"，方向"自右侧"，文本动画设置为"所有段落同时"；动画顺序是先文本后图片。

（7）第 7 张幻灯片版式为"末尾幻灯片"，标题为"谢谢观看"；标题文本框轮廓为"3 磅""巧克力黄，着色 1，浅色 40%"，图案填充为"小纸屑"，效果设置为"阴影-透视-靠下""发光-发光变体-巧克力黄，8 pt 发光，着色 3"；标题动画设置为"退出-缓慢移出"，方向为"到顶部"，速度为"慢速"，开始为"之后""延迟 1.5 秒""重复 3"。

（8）第 2 张幻灯片版式为"标题和内容"，标题为"目录"；内容区的内容为第3～9 张幻灯片的标题，并且设置每一个内容超链接到相应的幻灯片；根据图 4-22 显示的结构,将演示文稿设为 5 个小节,并为每一节的幻灯片设置与其他节不相同的幻灯片切换方式(具体效果不作设定)。

序号	节名称	节包括的幻灯片
1	开始	1、2
2	概述	3
3	发展现状	4、5、6、7
4	发展趋势	8、9
5	结尾	10

图 4-22　幻灯片分节说明

部分幻灯片最终效果如图 4-23 所示。

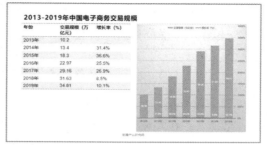

图 4-23　实训素材 4-3 成品效果

【实训步骤】

(1)设置页脚及模版

步骤 1:打开素材文件"4-3.pptx",在"插入"选项卡中,选择"页眉和页脚"选项,在弹出的"页眉和页脚"对话框中选中"页脚"复选框,输入页脚文字内容"前瞻产业研究院",点击"全部应用"按钮,如图 4-24 所示。

图 4-24　设置幻灯片页脚

步骤 2：在"设计"选项卡中，选择"导入模板"选项，在弹出的"应用设计模板"对话框中，找到素材文件夹下的"plan.potx"文件并选中，点击"打开"按钮，如图 4-25 所示。

图 4-25　为幻灯片应用指定模板

（2）设置标题样式及动画效果

步骤 1：在左侧的"幻灯片浏览"窗格中，选中第 1 张幻灯片，点击"开始"→"版式"→"标题幻灯片"菜单命令（如果已经是标题幻灯片，可以忽略此步），选中主标题占位符，输入主标题内容"中国电子商务行业发展现状及趋势分析"；选中主标题文本，在"字体"功能区中将主标题设置为"隶书、32 磅字"、预设样式为"填充–黑色，文本 1，轮廓–背景 1，清晰阴影–着色 5"，如图 4-26 所示。

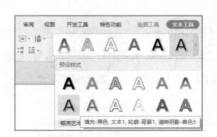

图 4-26　为主标题应用指定样式

步骤 2：选中副标题占位符，输入副标题内容"前瞻产业研究院"；选中副标题文本，在"字体"功能区中，将副标题设置为"黑体、20 磅字"、字体颜色为"海洋绿，着色 2，深色 25%"。

步骤 3：选中主标题文本框，点击"动画"→"进入"→"十字形扩展"动画选项，如图 4-27 所示。点击"动画"→"自定义动画"按钮，在右侧的"自定义动画"窗格中，将方向设置为"外"，速度设置为"快速"，如图 4-28 所示。

图 4-27 为主标题设置动画效果

图 4-28 为主标题动画设置参数

步骤 4：选中副标题文本框，点击"动画"→"进入"→"飞入"动画选项，在右侧的"自定义动画"窗格中，将方向设置为"自左下部"，开始设置为"之后"。

（3）设置图片及图片的动画效果

步骤 1：在左侧的"幻灯片浏览"窗格中，选中第 3 张幻灯片，点击"开始"→"版式"→"两栏内容"菜单命令，将插入点移动至标题占位符中，输入标题内容"电子商务概述"。

步骤 2：在右侧文本框中，点击"图片"占位符，打开"插入图片"对话框，找到并选中素材文件夹下的图片文件"tupian2.jpg"，点击"打开"按钮；右击图片，在弹出的快捷菜单中选择"设置对象格式"命令，在右侧的"对象属性"窗格中选择"大小与属性"选项卡，展开"大小"区域，取消选中"锁定纵横比"复选框，设置高度为"6.5 厘米"、宽度为"10.2 厘米"，如图 4-29 所示。展开"位置"区域，设置"水平位置"为"19.5 厘米"、"相对于"设置为"左上角"，"垂直位置"设置为"−2 厘米"、相对于设置为"居中"，如图 4-30 所示。点击"图片工具"→"图片轮廓"→"线型"→"4.5 磅"菜单命令，如图 4-31 所示。颜色设置为"海洋绿，着色 2，深色 25%"，如图 4-32 所示。

图 4-29 设置图片大小

图 4-30 设置图片位置

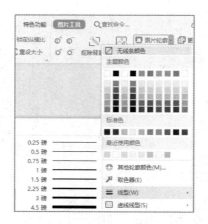

图 4-31　设置图片轮廓

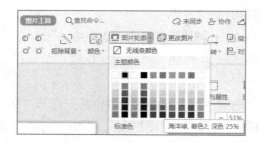

图 4-32　设置图片轮廓颜色

步骤 3：点击"动画"→"强调"→"陀螺旋"动画选项，点击"动画"→"自定义动画"按钮，在右侧的"自定义动画"窗格中，将"数量"设置为"180°逆时针"，开始设置为"之后"，如图 4-33 所示。右击下方列表区域的"内容占位符 10"，在弹出的快捷菜单中选择"计时"菜单命令，打开"陀螺旋"对话框，将延迟设置为"1秒"，点击"确定"按钮，如图 4-34 所示。

图 4-33　设置动画参数

图 4-34　设置延迟时间

步骤 4：双击打开素材文件夹下的"SC.docx"文件，将指定文本内容复制粘贴到第 3 张幻灯片左侧的文本框中。点击"动画"→"进入"→"棋盘"动画选项,在右侧的"自定义动画"窗格中,将方向设置为"下",速度设置为"快速"。

步骤 5:在右侧正文列表区域,拖动图片动画并向下移动,使动画顺序为先文本后图片,如图 4-35 所示。

图 4-35　调整动画顺序

(4)插入智能图形

步骤 1:在左侧的"幻灯片浏览"窗格中,选中第 4 张幻灯片,点击"开始"→"版式"→"仅标题"菜单命令,将插入点移动至标题占位符中,输入标题内容"我国电子商务行业发展历程"。

步骤 2:点击"插入"→"智能图形"按钮,然后在弹出的"选择智能图形"对话框中,选择"流程"选项中的"步骤上移流程",点击"插入"按钮,如图 4-36 所示。

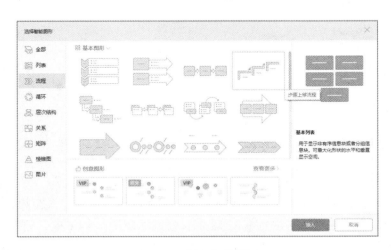

图 4-36　插入智能图形

步骤 3:将"SC.docx"文档对应文本内容复制粘贴到指定"文本"占位符中。参考"实训内容"中的效果,在"插入"选项卡中选择"文本框",在适当位置拖动制作一个文本框，并输入文本"2003—2008 年"；用同样的方法制作另外两个文本框，并输入文本内容。

（5）插入组合图

步骤 1：在左侧的"幻灯片浏览"窗格中，选中第 5 张幻灯片，点击"开始"→"版式"→"两栏内容"菜单命令，将插入点移动至标题占位符中，输入标题内容"2013—2019 年中国电子商务交易规模"。

步骤 2：删除左侧文本框，将"SC.docx"文档中第 5 张幻灯片对应表格复制粘贴到第 5 张幻灯片的左侧，在"表格样式"选项卡中，选择一个合适的样式，并调整表格和文字大小；在右侧文本框中点击"插入图表"占位符，打开"插入图表"对话框，选择"组合图"选项，将"系列名"为"系列 1"的"图表类型"设置为"簇状柱形图"，"系列名"为"系列 2"的"图表类型"设置为"折线图"，并选中"次坐标轴"复选框，点击"插入"按钮，如图 4-37 所示。

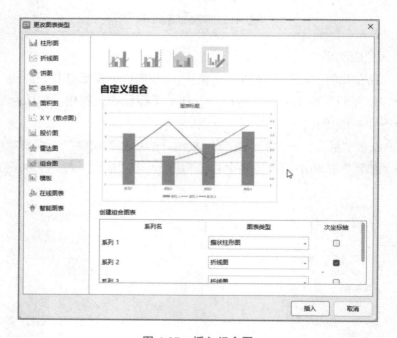

图 4-37　插入组合图

步骤 3：选中图表，点击"图表工具"→"编辑数据"按钮，将左侧表格复制粘贴到 Excel 的 A1 单元格（只粘贴文本），设置有效数据范围（A1:C8），删除 D 列，关闭 WPS 表格软件；选定图表的横坐标轴，在"开始"选项卡中，将字号设置为"9 磅"，双击次纵坐标轴，在右侧的"对象属性"窗格中，切换至"坐标轴"选项卡，展开"数字"区域，将类别设置为"百分比"，"小数位数"设置为"0"位；选定折线图，在图表右上角的"图表元素"选项中，点击"数据标签"→"上方"菜单命令，如图 4-38 所示。

图 4-38　设置折线图的数据标签位置

步骤 4：在右侧的"对象属性"窗格中，数字类别设置为"百分比"、小数位数设置为"1"位；选中"簇状柱形图"，在图表右上角的"图表元素"选项中，点击"数据标签"→"居中"菜单命令，数字类别设置为"数字"、小数位数设置为"2"位；在"图表工具"选项卡中，选择一个合适的图表样式；在图表右上角的"图表元素"选项中，取消选中"图表标题"复选框，图例位置设置为"上部"；点击"动画"→"进入"→"盒状"动画选项，点击"动画"→"自定义动画"按钮，在右侧的"自定义动画"窗格中，将方向设置为"外"，速度设置为"慢速"，开始设置为"之后""延迟 2 秒"。

（6）设置第 6 张幻灯片的动画效果

步骤 1：在左侧的"幻灯片浏览"窗格中，选中第 6 张幻灯片，点击"开始"→"版式"→"图片与标题"菜单命令，将插入点移动至标题占位符中，输入标题内容"预计 2024 年我国电商市场规模超 55 万亿元"。

步骤 2：在左侧的文本框中，点击图片占位符，打开"插入图片"对话框，找到素材文件夹下的"tupian1.jpg"文件并选中，点击"打开"按钮；在图片上右击，在弹出的快捷菜单中选择"设置对象格式"命令，在右侧的"对象属性"窗格中，选择"大小与属性"选项，图片的大小设置为"宽度 13.5 厘米、锁定纵横比"，图片的水平位置设置为"2 厘米"、相对于设置为"左上角"；垂直位置设置为"6 厘米"、相对于设置为"左上角"；　图片效果设置为"发光-发光变体-巧克力黄，18 pt 发光，着色 4"。

步骤 3：点击"动画"→"进入"→"擦除"动画选项，点击"动画"→"自定义动画"按钮，在右侧的"对象属性"窗格中，方向设置为"自左侧"，速度设置为"中速"，开始设置为"之后""延迟 1 秒"；将"SC.docx"文档中的相应文本复制粘贴到右侧内容区；选定右侧内容文本框，点击"动画"→"进入"→"切入"动画选项，方向设置为"自右侧"，文本动画设置为"所有段落同时"；动画顺序调整为先文本后图片。

（7）设置第 7 张幻灯片的动画效果

步骤 1：在左侧的"幻灯片浏览"窗格中，选中第 7 张幻灯片，点击"开始"→"版式"→"末尾幻灯片"菜单命令，将插入点移动至标题占位符中，输入标题内容"谢谢观看"。

步骤 2：选中标题文本框，在"绘图工具"选项卡中，选择"轮廓"选项中的"线型"→"3 磅"，轮廓颜色设置为"巧克力黄，着色 1，浅色 40%"；选择"填充"选项中的"图案填充"→"小纸屑"；选择"形状效果"选项中的"阴影"→"透视"→"靠下"、继续选择"形状效果"选项中的"发光"→"发光变体，巧克力黄，8 pt 发光，着色 3"。

步骤 3：选中标题，点击"动画"→"退出"→"缓慢移出"动画选项，点击"动画"→"自定义动画"按钮，在右侧的"自定义动画"窗格中，将方向设置为"到顶部"，速度设置为"慢速"，开始设置为"之后""延迟 1.5 秒""重复 3"。

（8）为幻灯片进行分布

步骤 1：在左侧的"幻灯片浏览"窗格中，选择第 2 张幻灯片，点击"开始"→"版式"→"标题和内容"菜单命令，将插入点移动至标题占位符中，输入标题内容"目录"；将第 3～9 张幻灯片的标题复制粘贴至内容区。

步骤 2：选定内容区第 1 个标题，在选定区域中右击，在弹出的快捷菜单中选择"超链接"命令，打开"超链接"对话框，选择"本文档的位置"选项，选择第 3 张幻灯片，点击"确定"按钮；依次选定其他标题，按照上述步骤完成其他超链接的设置。

步骤 3：在左侧的"幻灯片浏览"窗格中，右击第 1 张幻灯片，在弹出的快捷菜单中选择"新增节"命令，右击新增的节名称"无标题节"，在弹出的快捷菜单中选择"重命名节"命令，打开"重命名"对话框，输入节名称"开始"，点击"重命名"按钮，如图 4-39 所示；右击第 3 张幻灯片，在弹出的快捷菜单中选择"新增节"命令，输入节名称"概述"；右击第 4 张幻灯片，在弹出的快捷菜单中选择"新增节"命令，输入节名称"发展现状"；右击第 8 张幻灯片，在弹出的快捷菜单中选择"新增节"命令，输入节名称"发展趋势"；右击第 10 张幻灯片，在弹出的快捷菜单中选择"新增节"命令，输入节名称"结尾"。

图 4-39　重命名新增的节

步骤 4：点击"开始"节的节标题，在"切换"选项卡下为选定幻灯片应用"淡出"切换效果。同理，为其他节应用不同的切换效果。

步骤 5：按"Ctrl + S"组合键对最终文件进行保存，关闭文件"4-3.pptx"。

实训 4　美化介绍世界动物日的演示文稿

【实训目的】

- 设置幻灯片的页面大小。
- 新建自定义版式并设置。
- 设置幻灯片版式。

- 修改幻灯片母版的版式及样式。
- 在幻灯片中插入背景音乐并设置。
- 删除指定的幻灯片版式。

【实训内容】

打开实训素材文件"4-4.pptx"，后续操作均基于此文件。

在某动物保护组织就职的张宇要制作一份介绍世界动物日的演示文稿。请按照下列要求，完成演示文稿的制作。

（1）将幻灯片大小设置为"全屏显示（16:9）"，然后按照如下要求修改幻灯片母版：

①新建名为"世界动物日 1"的自定义版式，在该版式中插入"图片 2.png"，并对齐幻灯片左侧边缘；调整标题占位符的宽度为 17.6 厘米，将其置于图片右侧；在标题占位符下方插入内容占位符，宽度为 17.6 厘米、高度为 9 厘米，并与标题占位符左对齐。

②基于"世界动物日 1"版式创建名为"世界动物日 2"的新版式，在"世界动物日 2"版式中将内容占位符的宽度调整为 10 厘米（保持与标题占位符左对齐）；在内容占位符右侧插入宽度为 7.2 厘米、高度为 9 厘米的图片占位符，并与左侧的内容占位符顶端对齐，与上方的标题占位符右对齐。

（2）演示文稿共包含 7 张幻灯片，其中第 1 张幻灯片的版式为"标题幻灯片"，第 2 张幻灯片、第 4～7 张幻灯片的版式为"世界动物日 1"，第 3 张幻灯片的版式为"世界动物日 2"；所有幻灯片中的文字字体与母版中的设置保持一致。

（3）在第 1 张幻灯片中插入"背景音乐.mid"文件作为第 1～6 张幻灯片的背景音乐（即第 6 张幻灯片放映结束后背景音乐停止），音乐自动播放，且放映时隐藏图标。

（4）将演示文稿中的所有文本"法兰西斯"替换为"方济各"，并在第 1 张幻灯片中添加批注，内容为"圣方济各又称圣法兰西斯。"

（5）删除"标题幻灯片""世界动物日 1"和"世界动物日 2"之外的其他幻灯片版式。

部分幻灯片最终效果如图 4-40 所示。

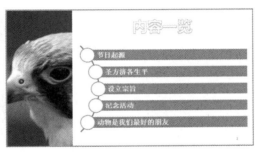

图 4-40　实训素材 4-4 成品效果

【实训步骤】

（1）设置幻灯片大小并更改母版

步骤 1：打开素材文件"4-4.pptx"，点击"设计"→"幻灯片大小"→"自定义大小"菜单命令，打开"页面设置"对话框，将幻灯片大小修改为"全屏显示（16:9）"，点击"确定"按钮，如图 4-41 所示。

图 4-41   设置幻灯片大小

步骤 2：点击"视图"→"幻灯片母版"按钮，在左侧缩略图区域，将光标定位在所有版式的末尾右击，在弹出的快捷菜单中选择"新幻灯片版式"菜单命令，如图 4-42 所示。选择新插入的版式缩略图并右击，在弹出的快捷菜单中选择"重命名版式"命令，在弹出的"重命名"对话框"名称"栏中输入"世界动物日1"，点击"重命名"按钮，如图 4-43 所示。

图 4-42   选择"新幻灯片版式"命令

图 4-43   给幻灯片重命名

步骤 3：点击"插入"→"图片"→"本地图片"菜单命令，找到素材文件夹下的"图片 2.png"并选中，点击"打开"按钮，点击"绘图工具"→"对齐"→"左对齐"菜单命令，如图 4-44 所示。

图 4-44　设置幻灯片对齐方式

步骤 4：选中右侧标题占位符对应文本框，在"绘图工具"选项卡中设置宽度为"17.6 厘米"，并将标题文本框平移至图片右侧；选中母版版式下方的文本框并复制，再将其粘贴至新建的幻灯片版式中，并使其在标题文本框下方；在"绘图工具"选项卡中在弹出的"重命名"对话框"名称"栏中设置其宽度为"17.6 厘米"，高度为"9厘米"，如图 4-45 所示；同时选中标题文本框和内容文本框，点击"绘图工具"→"对齐"→"左对齐"菜单命令。

图 4-45　设置占位的高度与宽度

步骤 5：选中"世界动物日 1"版式并复制粘贴至该版式后面，选中粘贴后的版式并右击，选择"重命名版式"，在弹出的"重命名"对话框"名称"栏中输入"世界动物日 2"，点击"重命名"按钮；选中内容文本框，在"绘图工具"选项卡中设置宽度为"10 厘米"（如果对齐方式不符合要求，可同时选中标题文本框和内容文本框，点击"绘图工具"→"对齐"→"左对齐"菜单命令）。

步骤 6：选中倒数第 5 张版式右侧的图片占位符并复制，回到"世界动物日 2"版式中粘贴至内容文本框右侧、标题文本框下面，在"绘图工具"选项卡中设置宽度为"7.2 厘米"，高度为"9 厘米"；同时选中标题文本框和图片框，点击"绘图工具"→"对齐"→"右对齐"菜单命令，同时选中图片框和内容文本框，点击"绘图工具"→"对齐"→"靠上对齐"菜单命令。

步骤 7：选择"幻灯片母版"→"关闭"按钮，保存所做的更改。

（2）修改多个幻灯片的版式

步骤 1：选中第 1 张幻灯片并右击，在弹出的快捷菜单中选择"幻灯片版式"→

"标题幻灯片"菜单命令。

步骤 2：同理，将第 2、4、5、6、7 张幻灯片的版式改为"世界动物日 1"，将第 3 张幻灯片的版式改为"世界动物日 2"。

（3）为幻灯片插入音乐

步骤 1：选中第 1 张幻灯片，点击"插入"→"音频"→"嵌入音频"菜单命令，如图 4-46 所示，打开"插入音频"对话框，选中素材文件夹下的"背景音乐.mid"，点击"打开"按钮。

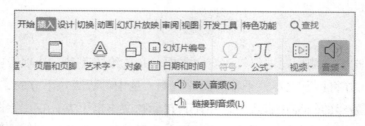

图 4-46　插入音频

步骤 2：在"音频工具"选项卡中选中"放映时隐藏"复选框。再选中"跨幻灯片播放"单选按钮，并设置"至 6 页停止"，如图 4-47 所示。

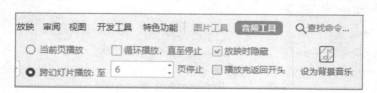

图 4-47　设置音频播放参数

（4）执行文字替换

步骤 1：执行"开始"→"编辑"→"替换"命令，"查找内容"输入"法兰西斯"，"替换为"输入"方济各"，如图 4-48 所示，点击"全部替换"按钮并确定，点击"关闭"按钮。

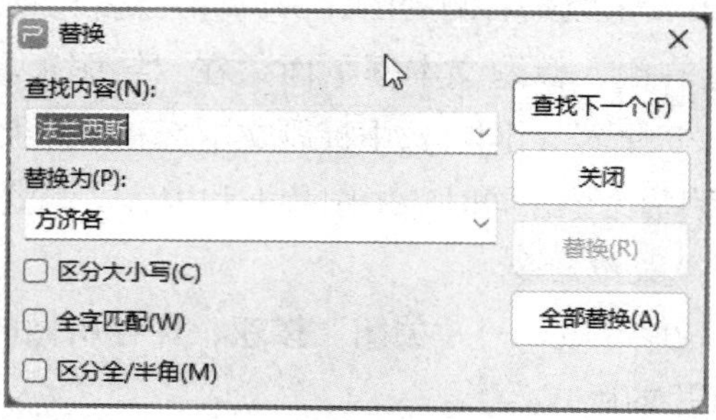

图 4-48　替换指定内容

步骤 2：选中第 1 张幻灯片，点击"审阅"→"插入批注"菜单命令，在批注框中输入"圣方济各又称圣法兰西斯"。

（5）删去不需要的版式

步骤 1：点击"视图"→"幻灯片母版"按钮，在左侧视图区域，选中"标题和内容版式"并右击，在弹出的快捷菜单中选择"删除版式"菜单命令。

步骤 2：同理，按照题目的要求删除其他版式。

步骤 3：关闭母版视图，参考素材文件夹下的"完成效果.docx"对最终演示文稿的效果进行微调。

步骤 4：按"Ctrl + S"组合键对最终文件进行保存，关闭文件"4-4.pptx"。

实训 5　制作优秀摄影作品展示演示文稿

【实训目的】

- 在幻灯片中制作相册。
- 通过主题文件修改演示文稿主题。
- 设置幻灯片切换效果。
- 新建幻灯片。
- 在幻灯片中插入智能图形并设置。
- 设置幻灯片的动画效果。
- 在幻灯片中插入背景音乐并设置。
- 为幻灯片中的元素设置超链接。

【实训内容】

打开实训素材文件"4-5.pptx"，后续操作均基于此文件。

校摄影社团在今年的摄影比赛结束后,希望可以借助 WPS 演示文稿将优秀作品在社团活动中进行展示。这些优秀的摄影作品保存在考生文件夹中,并以 Photo (1).jpg～Photo(12).jpg 命名。现在，请按照如下需求在 WPS 演示文稿中完成制作工作：

（1）利用 WPS 演示文稿应用程序创建一个相册，并包含 Photo(1).jpg～Photo(12).jpg 共 12 幅摄影作品。在每张幻灯片中包含 4 张图片，并将每幅图片设置为"居中矩形阴影"相框形状。

（2）设置相册主题为素材文件夹中的"相册主题.pptx"样式。

（3）为相册中每张幻灯片设置不同的切换效果。

（4）在标题幻灯片后插入一张新的幻灯片，将该幻灯片设置为"标题和内容"版式。在该幻灯片的标题位置输入"摄影社团优秀作品赏析"；并在该幻灯片的内容文本框中输入 3 行文字，分别为"湖光春色""冰消雪融"和"田园风光"。

（5）将"湖光春色""冰消雪融"和"田园风光"3 行文字转换为样式为"垂直图片重点列表"的智能图形对象，并将 Photo (1).jpg、Photo (6).jpg 和 Photo (9).jpg 定义为该智能图形对象的显示图片。

（6）为智能图形对象添加自左至右的"擦除"进入动画效果。

（7）在智能图形对象元素中添加幻灯片跳转链接，使得点击"湖光春色"标注形状可跳转至第 3 张幻灯片，点击"冰消雪融"标注形状可跳转至第 4 张幻灯片，点击"田园风光"标注形状可跳转至第 5 张幻灯片。

（8）将素材文件夹中的"ELPHRG01.wav"声音文件作为该相册的背景音乐，并在幻灯片放映时即开始播放。

部分幻灯片最终效果如图 4-49 所示。

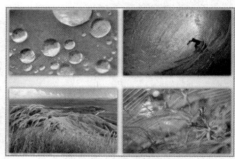

图 4-49　实训素材 4-5 成品效果

【实训步骤】

（1）插入图片并设置图片的排列方式

步骤 1：打开素材文件"4-5.pptx"，在右侧空白处任意点击鼠标，新建一个空白幻灯片，选中左侧缩略图中的第 1 张幻灯片，按 4 次回车键，再新建 4 张幻灯片。

步骤 2：点击"设计"→"导入模板"按钮，在打开的"应用设计模板"对话框中找到素材文件夹下的"相册主题.pptx"文件并选中，点击"打开"按钮。

步骤 3：选中第 3 张幻灯片，点击"插入"→"图片"→"本地图片"菜单命令，如图 4-50 所示。在弹出的对话框中找到素材文件夹，首先选中第 1 张图片，按下 Shift 键的同时选中第 4 张图片，点击"打开"按钮。

步骤 4：点击"图片工具"→"图片拼图"→"4"列表项中的第 1 个，如图 4-51 所示。将图片版式设置为"4 张图片"，点击"图片工具"→"图片效果"→"阴影"→"内部居中"菜单命令，设置图片效果。

图 4-50 插入分页插图

图 4-51 设置图片排列方式

步骤 5：重复步骤 3 和步骤 4，分别在第 4 张、第 5 张幻灯片中按顺序各插入 4 张图片，并设置图片的排列方式和效果。

（2）设置幻灯片的切换效果

步骤 1：点击第 1 张幻灯片，点击"切换"→"平滑"菜单命令，如图 4-52 所示。

图 4-52 设置第 1 张幻灯片的切换效果

步骤 2：同理为后面的幻灯片分别设置不同的切换方式。

（3）插入智能图片并添加动画效果

步骤 1：选中第 2 张幻灯片，点击"开始"→"版式"→"标题和内容"菜单命令。在标题占位符中输入"摄影社团优秀作品赏析"。

步骤 2：点击"插入"→"智能图形"按钮，如图 4-53 所示。在弹出的对话框左侧选中"图片"项，右侧选择"垂直图片重点列表"项，点击"插入"按钮。

图 4-53　插入智能图形

步骤 3：点击第一个智能图形左侧的图片占位符，选择考生文件下的"Photo(1).jpg"，点击"插入"按钮。同理，将考生文件下的"Photo(6).jpg"和"Photo(9).jpg"两张图片分别"插入"下面的两个图片占位符处。

步骤 4：分别将智能图形右侧的文本改成"湖光春色""冰消雪融"和"田园风光"。适当调整智能图形的大小和位置。

步骤 5：选中智能图形对象，点击"动画"→"擦除"命令，继续点击"动画"→"自定义动画"按钮，在右侧的任务窗格中，将"方向"改为"自左侧"，如图 4-54 所示。

图 4-54　添加动画并设置效果

（4）为文本框添加超链接

步骤 1：在"湖光春色"对应文本框上再画一个文本框将其覆盖，设置新文本框的填充颜色和轮廓颜色均为"无"，右击新的文本框，在弹出的快捷菜单中选择"超链接"命令，在弹出的对话框中，点击左侧的"本文档中的位置"，在右侧选择"幻灯片 3"，点击"插入"按钮。

步骤 2：同理，为"冰雪消融"和"田园风光"两个文本框设置"超链接"，且分别链接至"幻灯片 4"和"幻灯片 5"。

（5）添加背景音乐

步骤 1：点击第 1 张幻灯片，在主标题处输入文字"相册"，点击"插入"→"音频"→"嵌入音频"菜单命令，找到并选中素材文件夹下的"ELPHRG01.wav"，点击"打开"按钮。

步骤 2：在"音频工具"选项卡中，将"开始"设置为"自动"，选中"跨幻灯片播放"“循环播放，直至停止”和“放映时隐藏”复选框。

步骤 3：保存对文档进行的修改。

步骤 4：按“Ctrl + S”组合键对最终文件进行保存，关闭文件“4-5.pptx”。

实训 6　制作旅游产品推广演示文稿

【实训目的】

- 练习在幻灯片中制作相册。
- 通过主题文件修改演示文稿主题。
- 重命名幻灯片母版并对母版进行保护。
- 修改幻灯片母版的版式及样式。
- 修改幻灯片背景图片。
- 设置幻灯片的页眉与页脚。
- 在幻灯片中插入表格并美化。
- 在幻灯片中插入视频。
- 设置幻灯片动画效果及播放顺序。
- 对演示文稿进行输出设置。

【实训内容】

打开实训素材文件“4-6.pptx”，后续操作均基于此文件。

请制作一份“不忘初心、牢记使命”主题教育活动的演示文稿，该演示文稿共包含 14 张，制作过程中请不要新增、删减幻灯片或更改幻灯片的顺序。

（1）请按照如下要求，对演示文稿的幻灯片母版进行以下设计：

①将幻灯片母版的名称从“Office 主题”重命名为“不忘初心、牢记使命”，并对幻灯片母版执行“保护母版”。

②“标题幻灯片”版式的标题占位符，设置字号为 24，字体颜色为“珊瑚红-着色 5”；副标题占位符设置字号为 36，文本艺术效果为“渐变填充-番茄红”。

③使用素材文件夹下的“目录.png”图片作为“仅标题”版式的背景图片，并对标题占位符设置文字颜色“标准色-深红”。

（2）为演示文稿的所有幻灯片在右下角添加幻灯片编号，并为第 4 张幻灯片设置固定日期 2024-10-1。

（3）对第 6 张幻灯片进行版面设计：

①更改幻灯片版式为“两栏内容”。

②选中标题占位符，设置文字方向为“横排”。

③在左侧内容占位符插入一个 3 行 1 列的表格，并把 3 个文本框中的文本分别复制粘贴到表格的每一行中，确保不要有空行，设置表格样式为"中度样式 2-强调 6"，并设置所有单元格中的文本对齐方式为"居中"。

④将素材文件夹下的"宣传片.mp4"视频插入右侧内容占位符中。

（4）对第 8 张幻灯片中内容设置自定义动画：

①对文本占位符设置"飞入"的进入-基本型动画，对右侧图片设置"跷跷板"的强调-温和型动画。

②放映时动画播放顺序为：播放完文本占位符动画后图片自动播放。

（5）对演示文稿的任意幻灯片设置幻灯片切换效果为"形状"，速度为"1s"，并选择"应用到全部"。

（6）对演示文稿进行以下输出设置：

①在自定义放映新建"自定义放映 1"，包含幻灯片 3～8 张。

②在"设置放映方式"中，"放映幻灯片"选择"自定义放映 1"。

③确认上述操作均保存后，将演示文稿打包成压缩文件"4-6.zip"输出到素材文件夹。

部分幻灯片最终效果如图 4-55 所示。

图 4-55   实训素材 4-6 成品效果

【实训步骤】

（1）对幻灯片母版进行保护

步骤 1：打开素材文件"4-6.pptx"，点击"视图"→"幻灯片母版"按钮，选择"母版"幻灯片（即第 1 张幻灯片母版）。

步骤 2：点击"幻灯片母版"→"重命名"按钮，打开"重命名"对话框，将"名称"修改为"不忘初心、牢记使命"，点击"重命名"按钮，如图 4-56 所示。点击"幻灯片母版"→"保护母版"按钮，如图 4-57 所示。

图 4-56　重命名幻灯片母版

图 4-57　对母版进行保护

步骤 3：选中左侧的"标题幻灯片"版式（即第 2 张幻灯片版式），继续选中右侧上方的标题文本框，设置字号为 24，字体颜色为"珊瑚红-着色 5"。

步骤 4：选中副标题文本框，设置字号为 36，点击"文本工具"→"文本效果"→"渐变填充-番茄红"菜单命令，如图 4-58 所示。

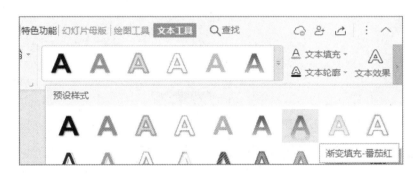

图 4-58　为副标题设置文本效果

步骤 5：选中左侧的"仅标题"版式（即第 7 张幻灯片版式），点击"设计"→"背景"→"背景"菜单命令，如图 4-59 所示。在右侧的"对象属性"任务窗格中选中"图片或纹理填充"单选按钮。继续点击"请选择图片"→"本地文件"菜单命令，在打开的对话框中，找到并选中素材文件夹下的"目录.png"图片，点击"打开"按钮。

步骤 6：点击"幻灯片母版"→"关闭"按钮，退出母版编辑状态。

（2）设置幻灯片的背景及编号

步骤 1：点击"插入"→"页眉和页脚"按钮，打开"页眉和页脚"对话框，选中"幻灯片编号"复选框，点击"全部应用"按钮，如图 4-60 所示。

步骤 2：选中第 4 张幻灯片，点击"插入"→"页眉和页脚"按钮，打开"页眉和页脚"对话框，选中"日期和时间"复选框，在"固定"栏中输入"2024 年 5 月 1 日"，点击"应用"按钮。

图 4-59　设置幻灯片背景

图 4-60　设置幻灯片编号

（3）设置页眉页脚并插入表格与视频

步骤 1：选中第 6 张幻灯片，点击"开始"→"版式"→"两栏内容"列表版式，如图 4-61 所示，打开"页眉和页脚"对话框，选中"幻灯片编号"复选框，点击"全部应用"按钮。

步骤 2：选中右侧的标题文本框，点击"文本工具"→"文字方向"→"横排"菜单命令，如图 4-62 所示。

步骤 3：点击左侧文本框中的表格占位符，插入一个 3 行 1 列的表格，如图 4-63 所示。

步骤 4：将 3 个文本框中的文字复制粘贴至新插入的表格的每一行中（注意，粘贴时如果出现多余的空行，须将其删除），再删除 3 个文本框。选中表格，点击"表格样式"→"预设样式"→"中度样式 2-强调 6"样式选项，如图 4-64 所示。

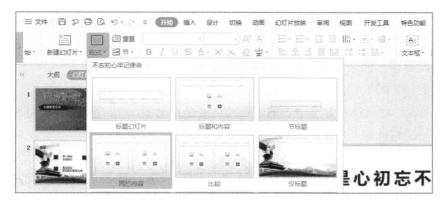

图 4-61　修改幻灯片版式为"两栏内容"

图 4-62　设置文字方向为"横排"

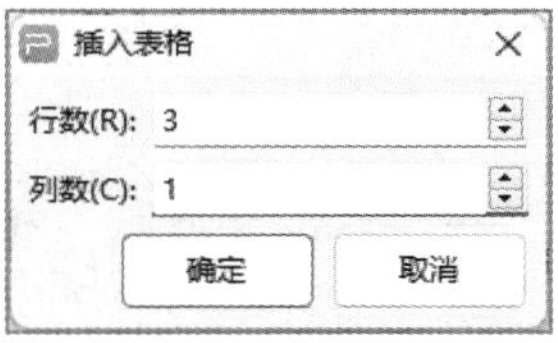

图 4-63　插入 3 行 1 列的表格

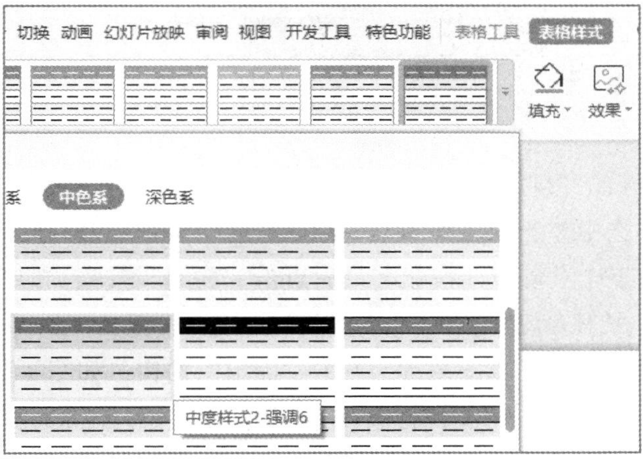

图 4-64　为表格应用样式

步骤 5：点击左侧文本框中的表格"插入视频"占位符，在打开的对话框中找到素材文件夹下的"宣传片.mp4"文件，点击"打开"按钮。

（4）设置动画效果

步骤 1：选中第 8 张幻灯片右侧下方的文本框，点击"动画"→"进入"→"基本型"→"飞入"动画选项，选中右侧的图片，点击"动画"→"强调"→"温和型"→"跷跷板"动画选项。

步骤 2：点击"动画"→"自定义动画"按钮，在右侧"自定义动画"任务窗格的动画列表区域，可通过拖动某一动画来改变动画的播放顺序（这里默认的顺序已符合实训要求）。

（5）设置动画切换效果与速度

步骤 1：点击"切换"→"形状"切换选项，将"速度"改为 1s，如图 4-65 所示。

图 4-65　设置切换效果和速度

步骤 2：点击"动画"→"应用到全部"按钮。

（6）设置幻灯片放映方式

步骤 1：点击"幻灯片放映"→"自定义放映"按钮，如图 4-66 所示。

图 4-66　自定义放映幻灯片

步骤 2：在打开的"自定义放映"对话框中，点击"新建"按钮，打开"定义自定义放映"对话框，选中左侧列表中的第 3 项，按住"Shift"键的同时选中第 8 项，点击"添加"按钮，点击"确定"按钮，最后点击"关闭"按钮，如图 4-67 所示。

步骤 3：点击"幻灯片放映"→"设置放映方式"按钮，打开"设置放映方式"对话框，选中"自定义放映"单选按钮，点击"确定"按钮，如图 4-68 所示。

步骤 4：点击"文件"→"文件打包"→"将演示文稿打包成压缩文件"菜单命令，打开"演示文稿打包"对话框，在"压缩文件名"文本框中输入"4-6"，点击"确定"按钮，如图 4-69 所示。等待打包完成，点击"关闭"按钮。

图 4-67　自定义放映幻灯片

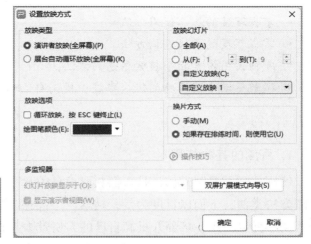

图 4-68　设置放映方式

图 4-69　将演示文稿打包成压缩文件

步骤 5：按"Ctrl + S"组合键对最终文件进行保存，关闭文件"4-6.pptx"。

模块五

信息检索

实训 1 使用百度搜索"十大感动中国"人物

【实训目的】

- 掌握百度的基本使用方法。
- 掌握百度的高级查询方法。
- 掌握使用搜索指令搜索信息的方法。
- 了解感动中国人物的优秀事迹，提高自己的人格魅力与知识素养。

【实训内容】

1. 百度的基本使用

使用搜索引擎搜索信息是人们获取信息的常用途径之一。目前的搜索引擎较多且使用方法类似，下面以百度为例，搜索"十大感动中国"的相关信息，了解并学习先进人物的优良品质，培养并提高自己的人格魅力与知识素养，其具体操作如下。

步骤 1：启动浏览器，在其地址栏中输入百度的网址后，按"Enter"键，打开百度首页，然后在中间的搜索框中输入要查询的关键词"十大感动中国"，最后按"Enter"键或点击 百度一下 按钮，打开搜索结果界面，如图 5-1 所示。

步骤 2：点击搜索框下方的"搜索工具"按钮▽，展开"搜索工具"栏。

步骤 3：点击 时间不限∨ 按钮，在弹出的下拉列表中选择"一年内"选项（如图 5-2 所示），此时将得到一年内与"十大感动中国"人物有关的搜索结果。

图 5-1 搜索结果界面

图 5-2 限制搜索时间

步骤4：在"搜索工具"栏中点击 所有网页和文件 ∨ 按钮，在弹出的下拉列表中选择"Word(.doc)"选项，如图5-3所示，此时，网页中将只显示搜索到的与"十大感动中国"人物有关的 Word 文件。

图 5-3　设置检索文件的类型并显示结果

提示：在"搜索工具"栏中点击 站点内检索 ∨ 按钮，在打开的搜索框中可以输入其他网址，点击 确认 按钮，可在打开的界面中查看搜索结果。

2. 百度的高级查询

在搜索"十大感动中国"人物时，可以对包含完整关键词、任意关键词或不包含某些关键词的情况进行筛选，从而获得更加符合要求的搜索结果，以便更好地筛选十大感动中国人物的相关信息，具体操作如下。

步骤1：将鼠标指针移至百度搜索结果界面右上角的 设置 按钮上，在弹出的下拉列表中选择"高级搜索"选项。

步骤2：打开"高级搜索"界面，在"搜索结果"栏的"包含全部关键词"文本框中输入"十大 感动 中国"，要求搜索结果界面中要同时包含"十大""感动""中国"3个关键词；在"包含完整关键词"文本框中输入"感动人物"，要求搜索结果界面中要包含"感动人物"这一完整关键词，使其不被拆分；在"包含任意关键词"文本框中输入"2024 感动人物"，要求搜索结果界面中要包含"2024"或者"感动人物"关键词；在"不包括关键词"文本框中输入"经典 颁奖"，要求搜索结果界面中不包含"经典"或"颁奖"关键词；在"关键词位置"栏中选中"仅网页标题中"单选按钮，最后点击按钮进行搜索，如图5-4所示。搜索结果如图5-5所示。

图 5-4　设置搜索参数　　　　　　　图 5-5　搜索结果

实训 2　使用专用平台搜索"人工智能"

【实训目的】

- 了解信息搜索的专用平台网站。
- 掌握在学术网中搜索信息的方法。
- 掌握在专利信息搜索网站中搜索信息的方法。
- 了解人工智能的相关信息，培养科学素养和专利意识。

【实训内容】

人工智能（Artificial Intelligence，AI），是新一轮科技革命和产业变革的重要驱动力量，是研究、开发用于模拟、延伸和扩展人类智能的理论、方法、技术及应用系统的一门新的技术科学。搜索人工智能的相关信息，能够了解我国目前人工智能的发展情况，培养自身科学素养和专利意识。下面在"百度学术"网站中搜索人工智能，了解人工智能的相关内容，以及在"PubScholar 公益学术平台"中搜索人工智能，了解人工智能相关的专利信息，其具体操作如下。

1. 在百度学术网站搜索论文

步骤1：打开"百度学术"网站首页，在搜索框中输入要查询的关键词"人工智能"，点击 百度一下 按钮。

步骤2：在搜索结果界面中可以看到论文的标题、简介、作者、被引量、来源等信息。

步骤3：在搜索结果界面左侧"时间"栏中选择"2024 年以来"选项，在"领域"栏中选择"计算机科学与技术"选项，可以查看 2024 年年初至今人工智能在计算机科学与技术领域有关论文的搜索结果，如图 5-6 所示。

图 5-6　通过"百度学术"网站搜索的"人工智能"信息

步骤 4：点击搜索结果中的第一篇论文的标题，在打开的界面中可以查看更详细的论文信息，如图 5-7 所示。

图 5-7 查看论文详细信息

步骤 5：点击该界面中的 ⟨⟩引用 按钮，在打开的"引用"对话框中将生成多种标准的引用格式，如图 5-8 所示。根据需要进行复制，可在自己的作品中引用该论文中的内容标注出处。

图 5-8 "引用"对话框

2. 在 PubScholar 公益学术平台搜索专利

步骤 1：打开"PubScholar 公益学术平台"网站首页点击网页中间的"专利文献"超链接（图 5-9），在打开界面的搜索框中输入关键词"人工智能"，并点击检索按钮 Q。

图 5-9　点击"专利文献"超链接

步骤 2：在打开的检索结果界面中可以看到每条专利的名称、专利人、摘要等信息，如图 5-10 所示。

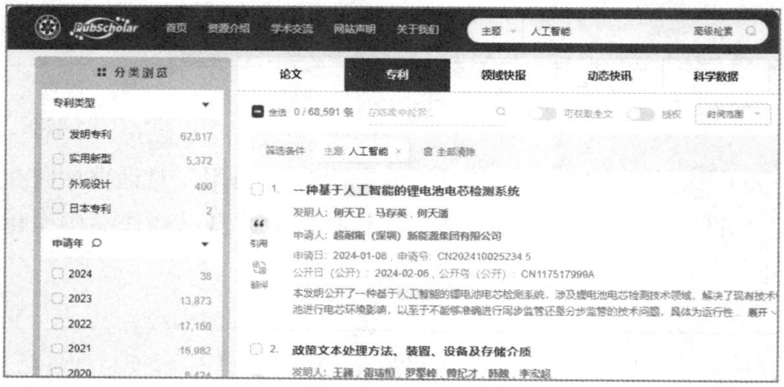

图 5-10　检索结果界面

步骤 3：在该界面左侧的"专利类型""申请年""公开年""授权年""最早优先权年""最早优先权国家/地区""申请人""申请人国家/地区""IPC 分类"栏中可选择对应选项进行筛选，这里选择"发明专利"和"2024"两个选项，结果如图 5-11 所示。

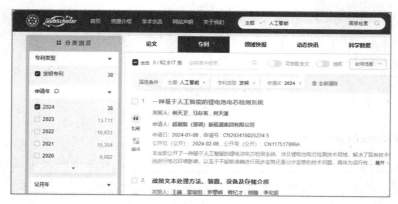

图 5-11　设置筛选条件后的检索结果

步骤 4：点击第一条检索结果，在打开的界面中可以看到更详细的专利信息，如图 5-12 所示。

图 5-12　查看详细的专利信息

提示："PubScholar 公益学术平台"由中国科学院文献情报中心、中国科学院计算机网络信息中心、中国科技出版传媒股份有限公司（科学出版社）为主联合建设，2023 年 11 月 1 日，于中国科学院文献情报中心正式发布；平台可检索的资源量约 1.7 亿篇，可免费获取的全文资源量约 8000 万篇，包含期刊论文、学位论文、预印本论文、专利文献、领域快报、动态快讯、科学数据和图书专著等类型。

实训 3　在中国商标网中查询商标信息

【实训目的】

- 了解商标的相关信息。
- 掌握在专业网站中查询商标的方法。
- 提升商标意识。

【实训内容】

商标成功注册后，注册者享有其专用权，个人或企业若未经允许使用了他人注册的商标，则会引发商标纠纷，带来经济或名誉上的损失。对个人或企业来说，商标意识非常重要，商标意识可以增强个人和企业对商标价值及作用的认识，使个人和企业养成保护商标的观念。因此，个人和企业有必要掌握在商标专业网站中查询商标信息的方法。下面在国家知识产权局商标局的官方网站"中国商标网"中查询"华为"商标，其具体操作如下。

步骤 1：打开"中国商标网"网站首页并点击"商标网上查询"按钮，按提示进入"商标网上检索系统"界面，点击该界面左侧的"商标近似查询"按钮，如图 5-13 所示。

图 5-13　点击"商标近似查询"按钮

步骤 2：在打开的界面中选择"选择查询"选项卡，继续设置要查询商标的"国际分类"为"12"，"查询方式"为"汉字"，"查询类型"为"任意位置加汉字"，"商标名称"为"华为"，点击 查询 按钮，如图 5-14 所示。

图 5-14　选择"查询"选项卡

步骤 3：打开商标检索结果界面，在该界面中可以看到每个商标的"申请/注册号""申请日期""商标""申请人名称"等信息，如图 5-15 所示。点击任意商标名称即可在打开的界面中查看该商标的详细内容。

图 5-15 检索结果界面（一）

步骤 4：返回"商标近似查询"界面，选择"商标综合查询"选项卡，在打开界面的"国际分类"文本框中输入"12"，在"检索要素"文本框中输入"华为"，在"申请人名称（中文）"文本框中输入"华为技术有限公司"，点击 查询 按钮，如图 5-16所示。

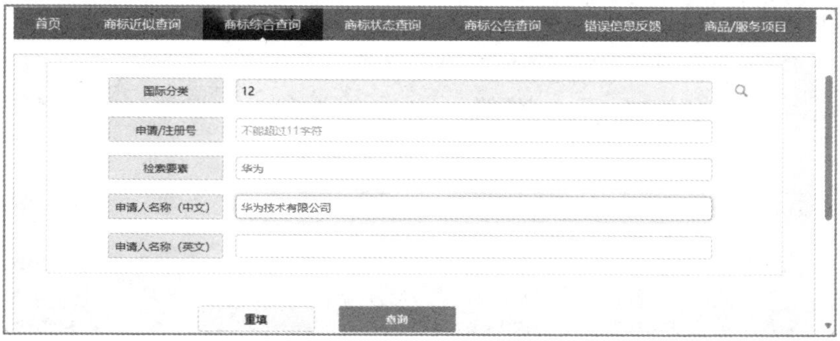

图 5-16 "商标综合查询"界面

步骤 5：打开商标检索结果界面，在其中可以看到指定国际分类和申请人名称后的商标信息，如图 5-17 所示。点击任意商标名称即可在打开的界面中查看该商标的详细内容。

图 5-17 检索结果界面（二）

步骤 6：返回"商标综合查询"界面，选择"商标状态查询"选项卡，在打开界面的"申请/注册号"文本框中输入"38584322"，点击 查询 按钮进行查询，如图 5-18 所示。

图 5-18　"商标状态查询"界面

步骤 7：打开商标检索结果界面，点击"申请/注册号"或"商标"名称，在打开的界面中查看商标的流程信息，如图 5-19 所示。

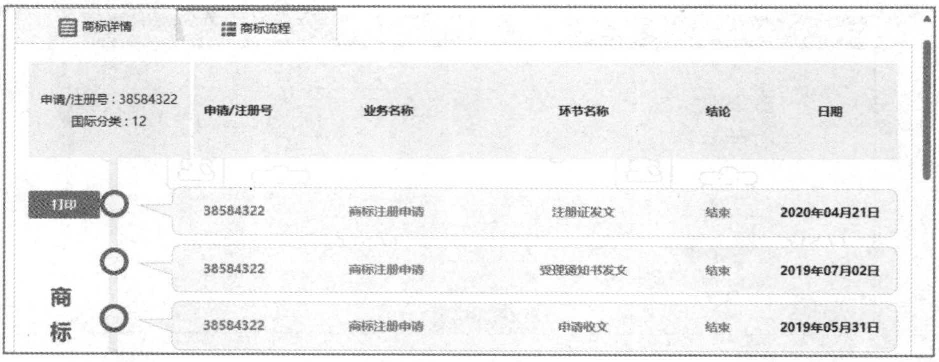

图 5-19　商标的流程信息

实训 4　在主流社交媒体搜索大学生创业

【实训目的】

- 了解常见的社交媒体平台。
- 掌握在社交媒体平台搜索信息的方法。
- 加强对大学生创业的了解，规划大学生涯。

【实训内容】

社交媒体平台是人们用来分享经验和观点的平台，人们可以通过社交媒体平台了解相关实时情况、获取最新消息。下面在微信中搜索"大学生创业"的相关文章，在抖音中搜索"大学生创业"的相关视频，了解目前大学生创业的市场环境，其具体操作如下。

步骤 1：在手机中打开微信，点击微信界面右上角的"搜索"按钮，在打开的界面中点击"公众号"选项，如图 5-20 所示。

步骤 2：在打开的搜索界面的搜索框中输入关键词"大学生创业"，点击"搜索"按钮，如图 5-21 所示。

图 5-20　设置搜索类型（微信）

图 5-21　输入搜索关键字（微信）

步骤 3：在打开的搜索结果界面中可看到包含"大学生创业"关键词的文章标题的搜索结果。点击文章标题，可以在打开的界面中阅读文章的详细内容。

步骤 4：打开抖音，点击抖音主界面右上角的"搜索"按钮，如图 5-22 所示。

步骤 5：在打开的搜索界面中输入关键词"大学生创业"，点击该界面右下角的按钮，如图 5-23 所示。

步骤 6：在打开的搜索结果界面中选择"视频"选项卡，可以查看与大学生创业相关的视频。点击视频封面即可打开视频并观看视频内容。

图 5-22 输入搜索关键字（抖音）

图 5-23 点击搜索按钮（抖音）

模 块 六

信息素养与社会责任

实训 1　设置防火墙

【实训目的】

- 了解设置防火墙的重要性。
- 掌握设置防火墙的方法。
- 重视信息安全，培养计算机安全保护意识。

【实训内容】

互联网的快速发展给人们带来了极大的便利，与此同时，每个人都应该对信息的传输安全问题引起重视，尤其是在使用计算机的过程中，计算机很容易受到各种外部干扰而造成数据的丢失。因此，了解并掌握设置计算机防火墙的方法是非常重要的。防火墙是一个由计算机硬件和软件组成的系统，用于维护计算机内部网络和外部网络之间的信息流通。它不仅能够检查网络数据，还能保护内部网络数据的安全，防止外部数据的恶意入侵。下面将介绍启用计算机中的防火墙保护功能并进行自定义设置，防止外部请求未经允许访问计算机，其具体操作如下。

步骤 1：在 Windows 11 界面下方的搜索框中输入"控制面板"，在弹出的列表中点击"控制面板"超链接，打开"所有控制面板项"窗口，点击"Windows Defender 防火墙"超链接，如图 6-1 所示。

步骤 2：打开"Windows Defender 防火墙"窗口，点击窗口左侧的"启用或关闭 Windows Defender 防火墙"超链接，如图 6-2 所示。

步骤 3：打开"自定义设置"窗口，在"公用网络设置"栏中选中"启用 Windows Defender 防火墙"单选按钮，再选中两个"Windows Defender 防火墙阻止新应用时通知我"复选框，点击 确定 按钮，如图 6-3 所示。

步骤 4：返回"Windows Defender 防火墙"窗口，点击窗口左侧的"高级设置"超链接。打开"高级安全 Windows Defender 防火墙"窗口，在窗口左侧选择"入站规则"选项，在窗口右侧的"操作"栏中点击"新建规则"超链接，如图 6-4 所示。

步骤 5：打开"新建入站规则向导"对话框，在"要创建的规则类型"栏中选中

"端口"单选按钮，点击 下一页(N) > 按钮，如图 6-5 所示。

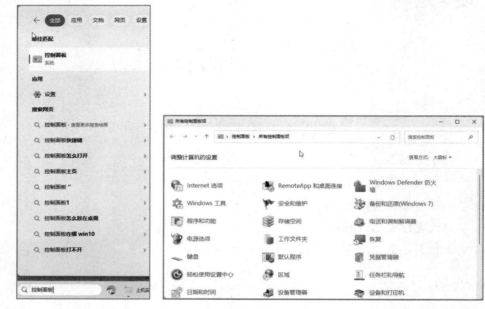

图 6-1 搜索"控制面板"与"Windows Defender 防火墙"超链接

图 6-2 点击启用或关闭防火墙超链接   图 6-3 启用防火墙

图 6-4 新建入站规则   图 6-5 选择要创建的规则类型

步骤 6：在"此规则应用于 TCP 还是 UDP？"栏中选中"TCP"单选按钮；在"此规则应用于所有本地端口还是特定的本地端口？"栏中选中"特定本地端口"单选按钮，并在其右侧的文本框中输入端口号"80"，点击 下一页(N) 按钮，如图 6-6 所示。

步骤 7：在"连接符合指定条件时应该进行什么操作？"栏中选中"阻止连接"单选按钮，点击 下一页(N) 按钮，如图 6-7 所示。

图 6-6　新建入站规则

图 6-7　选择要创建的规则类型

提示：不同服务器的端口号不同，一般 HTTP 代理服务器常用的端口号为 80、8080、3128、8081、9098，SOCKS 协议代理服务器常用的端口号为 1080，FTP 代理服务器常用的端口号为 21，Telnet 协议代理服务器常用的端口号为 23。

步骤 8：在"何时应用该规则？"栏中选中"公用"复选框，点击 下一页(N) 按钮，如图 6-8 所示。

步骤 9：在"名称"文本框中输入规则的名称"外网访问规则"，然后点击 完成(F) 按钮完成操作，如图 6-9 所示。返回"高级安全 Windows Defender 防火墙"窗口，可看到新建的入站规则。

图 6-8　设置应用规则

图 6-9　设置规则名称及描述

提示：入站规则即外网访问计算机的规则，出站规则即用户访问外网的规则，出站规则的设置方法与入站规则的设置方法相同。如果要对规则进行编辑，则可在"高级安全 Windows Defender 防火墙"窗口中选中规则，在窗口右侧的"操作"栏中点击"属性"超链接，在打开的对话框中对其进行编辑。若不再需要该规则，则可点击"删除"超链接进行删除。

实训 2　清除上网痕迹

【实训目的】

- 了解清除上网痕迹的意义。
- 掌握清除上网痕迹的方法。
- 提高网络安全意识。

【实训内容】

在使用计算机访问网络的过程中，访问的历史记录、账号密码、缓存数据等内容会被暂时保存在计算机中。这些内容可能会被恶意获取，对计算机甚至个人信息或财产等造成威胁，因此用户应该养成定期清理上网痕迹的习惯，提高网络安全意识。

1. 清除浏览器记录

用户大多通过浏览器访问网络，因此可以直接清除浏览器中的上网痕迹，下面介绍在 Microsoft Edge 浏览器中清除上网痕迹，其具体操作如下。

步骤 1：打开 Microsoft Edge 浏览器，点击页面右上角的"设置及其他"按钮 ⋯，在弹出的下拉列表中选择"设置"选项，如图 6-10 所示。

步骤 2：打开设置界面，选择界面左侧的"隐私和安全"超链接（注意：不同版本的名称可能有区别），在右侧区域根据需要点击 选择要清除的内容 按钮，如图 6-11 所示。

图 6-10　点击"设置"菜单

图 6-11　点击"选择要清除的内容"按钮

步骤 3：打开"清除浏览数据"对话框，设置"时间范围"，选中"浏览历史记录""下载历史记录""Cookie 和其他站点数据""缓存的图像和文件""密码""自动填充数据（包括表单和卡）""站点权限"复选框，点击 立即清除 按钮，如图 6-12 所示。Microsoft Edge 浏览器将自动开始清理，清理完成后会提示清理成功。

步骤 4：选择"设置"界面左侧的"个人资料"超链接，在右侧"Microsoft 电子钱包"下方点击"密码"选项，打开"Microsoft 电子钱包"界面，点击左侧的"设置"选项卡，在右侧"密码"下方，点击"主动提出保存密码"和"自动填充密码和密钥"右侧的开关按钮 ，将这两个功能关闭，如图 6-13 所示。

图 6-12 清除浏览数据　　　　图 6-13 设置密码和自动填充

2. 清理磁盘垃圾

在访问网络的过程中还会在计算机中残留一些临时文件，这些临时文件长期留存在计算机中会占用计算机磁盘空间，影响计算机的运行速度。

下面对计算机中的系统磁盘垃圾进行清理，其具体操作如下。

步骤 1：按"Windows 徽标+D"组合键，打开"运行"对话框，在"打开"输入框中输入"cleanmgr"并点击"确定"按钮，如图 6-14 所示。

步骤 2：打开"磁盘清理：驱动器选择"对话框，选择需要清理的磁盘驱动器（这里选择 C 盘），点击"确定"按钮，如图 6-15 所示。

图 6-14 "运行"对话框　　　　图 6-15 "磁盘清理：驱动器选择"对话框

步骤 3：系统将自动扫描该磁盘并计算可以释放的空间大小，如图 6-16 所示。扫描完成后会生成"要删除的文件"列表，该列表框中列出了占用磁盘空间的文件，选中需要清理的文件前的复选框，点击"确定"按钮，如图 6-17 所示。

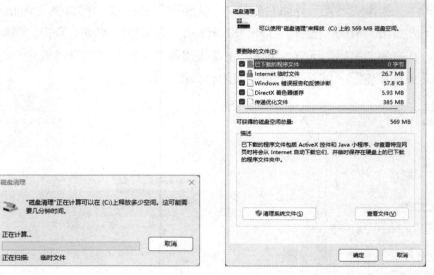

图 6-16　扫描磁盘　　　　　　　　　图 6-17　选择要清理的文件

步骤 4：打开提示对话框，点击"删除文件"按钮，如图 6-18 所示，系统开始清理文件，如图 6-19 所示，清理完成后点击"确定"按钮，关闭"(C:)的磁盘清理"对话框，完成磁盘清理操作。

图 6-18　确认删除文件　　　　　　　图 6-19　磁盘清理

实训 3 备份与恢复数据

【实训目的】

- 了解数据备份的重要性。
- 掌握备份与恢复数据的方法。
- 提高数据备份的意识。

【实训内容】

对任何人来说，数据备份都是非常重要的，因为在使用计算机的过程中可能会因为一些错误操作或病毒感染而造成重要的数据、文件丢失，甚至引发系统崩溃。为了避免出现这种情况，用户应该定期或在进行可能威胁系统的操作前对数据进行备份，做好对系统和文件的保护工作，以免造成不可挽回的损失。

1. 系统备份和还原

在使用计算机的过程中，要对计算机系统进行备份，避免系统遭到破坏或出现错误而导致数据丢失。系统备份和还原的方法较为简单，可以直接通过创建还原点来备份和还原系统，其具体操作如下。

步骤 1：在计算机桌面的"此电脑"图标上点击鼠标右键，在弹出的快捷菜单中选择"属性"菜单命令，如图 6-20 所示。

步骤 2：打开"系统信息"窗口，点击窗口右侧"系统保护"超链接，如图 6-21 所示。

图 6-20 选择"属性"命令　　图 6-21 点击"系统保护"超链接

步骤 3：打开"系统属性"对话框，选择"系统保护"选项卡，在"保护设置"栏中的"可用驱动器"列表框中选择需要备份的磁盘，这里选择"本地磁盘(C:)(系统)"

选项，点击"配置"按钮，如图 6-22 所示。

步骤 4：打开"系统保护本地磁盘(C:)"对话框，在"还原设置"栏中选中"启用系统保护"单选按钮，点击"确定"按钮，如图 6-23 所示。

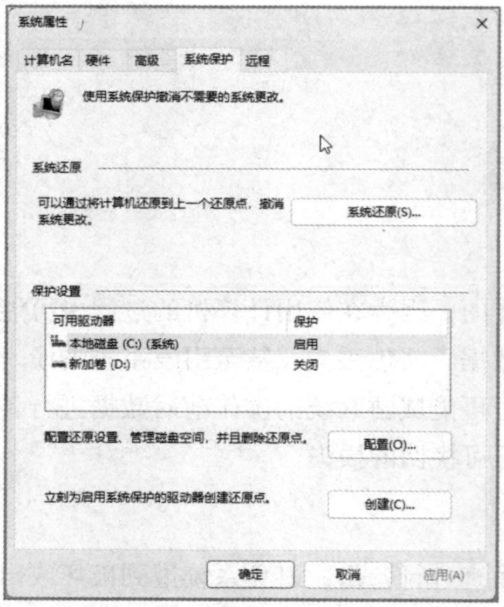

图 6-22　选择需备份的磁盘 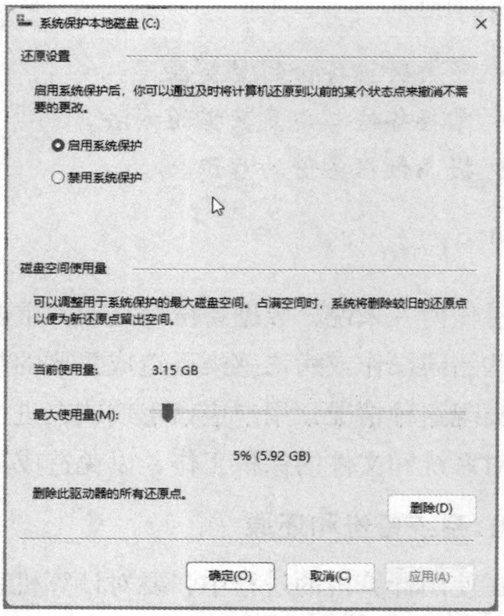　　　　　　图 6-23　设置备份方式

步骤 5：返回"系统属性"对话框，点击"创建"按钮，打开"系统保护"对话框，在创建还原点文本框中输入便于识别的还原点名称，如"2024 年 10 月 4 日"，点击"创建"按钮进行创建，如图 6-24 所示。

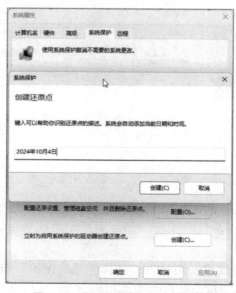

图 6-24　创建还原点并设定名称

步骤 6：系统将自动开始创建还原点，稍后将提示"已成功创建还原点"，点击"关闭"按钮完成还原点的创建。返回"系统属性"对话框，点击"确定"按钮完成操作，如图 6-25 所示。

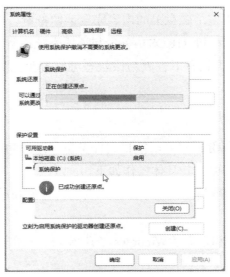

图 6-25　成功创建还原点

步骤 7：需要还原系统时，打开"系统属性"对话框，在"系统保护"选项卡中点击"系统还原"按钮，如图 6-22 所示。

步骤 8：打开"系统还原"对话框，点击"下一页"按钮，如图 6-26 所示。

步骤 9：在"当前时区"列表框中选择需要还原的列表项，点击"下一页"按钮，进入"确认还原点"对话框，点击"完成"按钮进行系统的还原，如图 6-27 所示。操作完成后用户即可正常使用系统。

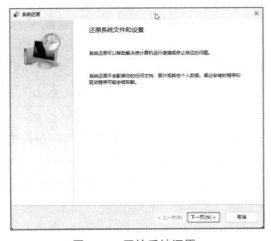

图 6-26　开始系统还原

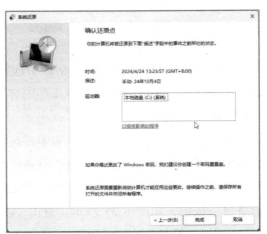

图 6-27　确认还原点并开始还原

提示：还原点可快速将系统还原到创建还原点时的系统状态，但只适用于还原因软件或设置而造成的系统故障，当系统崩溃或不能进入系统时无法使用这种方法。因此，用户可以使用系统工具软件来备份和还原系统，如一键 GHOST 等。一键 GHOST 可以将某个磁盘分区或将整个磁盘上的内容完全镜像备份，再通过相应位置的镜像文件对系统进行还原。使用一键 GHOST 备份与还原系统通常是在磁盘操作系统（Disk Operating System，DOS）状态下，因为该状态可以避免无法进入系统而无法还原的问题。

2. 文件备份和还原

若只需对文件进行备份，则可以使用文件备份和还原功能。下面在 Windows 11 系统中进行文件备份和还原，其具体操作如下。

步骤 1：打开"所有控制面板项"窗口，点击"备份和还原（Windows 7）"超链接，如图 6-28 所示。

步骤 2：打开"备份和还原（Windows 7）"窗口，点击右侧的"设置备份"超链接，如图 6-29 所示。

图 6-28　点击"备份和还原"超链接　　　图 6-29　点击"设置备份"超链接

步骤 3：在"设置备份"对话框中选择要保存备份的位置，点击"下一步"按钮，如图 6-30 所示。在"你希望备份哪些内容"下方选中"让我选择"单选按钮，点击"下一步"按钮，如图 6-31 所示。

步骤 4：在打开对话框的"选中要包含在备份中的项目对应的复选框"列表框中选中需要备份的项目前的复选框，点击"下一步"按钮，如图 6-32 所示。

步骤 5：打开"查看备份设置"对话框，确认设置无误后，点击"保存设置并运行备份"按钮，如图 6-33 所示。点击"更改计划"超链接，可以设置"频率""哪一天""时间"等备份计划，如图 6-34 所示。

图 6-30　选择要保存备份的位置　　　　　　图 6-31　选择要备份的内容

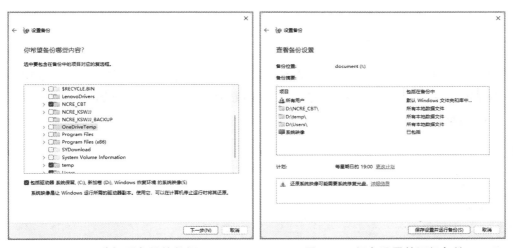

图 6-32　选择需备份的数据　　　　　　图 6-33　保存设置并运行备份

图 6-34　更改备份计划

步骤 6：返回"备份和还原（Windows 7）"窗口，并自动进行备份，如图 6-35 所示。一段时间后将显示"备份已完成"提示消息。

步骤 7：需要还原文件时，打开"备份和还原（Windows 7）"窗口，在该窗口的"还原"栏中点击"还原我的文件"按钮，如图 6-36 所示。

图 6-35　正在备份　　　　　　　　图 6-36　点击"还原我的文件"按钮

步骤 8：打开"还原文件"对话框，在该对话框右侧点击"浏览文件"按钮，打开"浏览文件的备份"对话框，选择需要还原的文件，点击"添加文件"按钮，如图 6-37 所示。

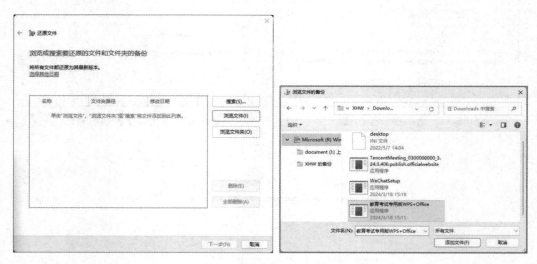

图 6-37　浏览文件并选择还原的文件

提示：点击"浏览文件"按钮，在打开的"浏览文件的备份"对话框中只能选择还原某个文件。若需要还原某个文件夹中的所有文件，则可以在"还原文件"对话框中点击"浏览文件夹"按钮，在打开的"浏览文件夹的备份"对话框中选择文件夹进行还原。

步骤 9：返回"还原文件"对话框，点击"下一步"按钮，打开"你想在何处还原文件？"对话框，选中"在以下位置"单选按钮，在其下方的文本框中输入文件路径，点击"还原"按钮执行还原操作，如图 6-38 所示。

图 6-38　执行还原操作

实训 4　使用 360 安全卫士保护计算机

【实训目的】

- 了解保护计算机的重要性。
- 掌握使用工具软件保护计算机的方法。
- 提高保护计算机的意识。

【实训内容】

计算机在人们的日常工作和生活中是不可或缺的。在使用计算机的过程中，用户要注意保护计算机，定期对计算机进行"体检"，了解计算机的性能，及时发现并处理计算机可能出现的问题，以延长计算机使用寿命，保证其性能的稳定。

360 安全卫士是奇虎 360 公司推出的安全杀毒软件，具有使用方便、应用全面、功能强大等特点，是较为常用的保护计算机的工具软件之一。使用 360 安全卫士保护计算机是一种比较常见的方法。

1. 对计算机进行"体检"

利用 360 安全卫士对计算机进行"体检"，实际上是对计算机进行全面的扫描，让用户了解计算机当前的使用状况，并提供安全维护方面的建议，其具体操作如下。

步骤 1：启动 360 安全卫士，在 360 安全卫士主界面中选择"我的电脑"选项卡，将显示当前计算机的状态，点击"立即体检"按钮，如图 6-39 所示。

步骤 2：360 安全卫士将对计算机进行扫描，并动态显示扫描进度与检测结果，扫描完成后点击"一键修复"按钮，如图 6-40 所示。

图 6-39　立即体检　　　　　　　　图 6-40　执行一键修复操作

步骤 3：360 安全卫士将自动修复计算机中存在的问题，修复完成后将在图 6-41 所示的界面中显示修复信息，点击完成按钮即可完成修复。

图 6-41　完成修复

提示：通常情况下，对计算机进行检查的目的是检查计算机中是否有漏洞、是否需要安装补丁或是否存在系统垃圾。若"体检"分数没有达到 100 分，一键修复后"体检"分数仍不足 100 分，则可浏览界面中的"系统强化"和"安全项目"等内容，根据提示信息手动进行修复。若只是提示软件更新或 IE 浏览器主页未锁定等信息，则不需要特别在意，因为其对计算机的运行并无太大影响。

2. 查杀木马

360 安全卫士提供了木马查杀功能，使用该功能可对计算机进行扫描并查杀木马文件，实时保护计算机，其具体操作如下。

步骤 1：启动 360 安全卫士，选择主界面中的"木马查杀"选项卡，点击"快速查杀"按钮，对计算机进行扫描，如图 6-42 所示。

图 6-42　快速查杀

步骤 2：扫描完成后将显示扫描结果，并将可能存在风险的项目罗列出来，点击"一键处理"按钮处理安全威胁，处理完成后点击"稍后我自行重启"按钮，稍后需要进行重启计算机操作，计算机重启后才算彻底处理完成。如果未发现木马病毒，则不需要进一步处理，如图 6-43 所示。

图 6-43　扫描完成且安全

提示：在"木马查杀"界面底部点击"全盘查杀"按钮，可对整块硬盘进行木马查杀；点击"按位置查杀"按钮可指定位置进行木马查杀。

3. 清理系统垃圾与痕迹

计算机中残留的无用文件和浏览网页时产生的垃圾文件，以及网页搜索内容和注册表单等痕迹信息将会给系统增加负担。使用 360 安全卫士可清理这些系统垃圾与痕迹信息，其具体操作如下。

  步骤 1：启动 360 安全卫士，选择主界面中的"电脑清理"选项卡，点击"一键清理"按钮，对计算机进行扫描，如图 6-44 所示。

图 6-44 执行电脑垃圾的一键清理

  步骤 2：扫描完成后软件将自动选择删除对系统或文件没有影响的项目。此时，用户将鼠标指针指向扫描项下方的按钮，按钮名称为变成"详情"，点击"详情"按钮查看该项目对应的垃圾详情，这里点击"可选清理插件"项目下方的"详情"按钮，如图 6-45 所示。

图 6-45 查看垃圾文件详情

  提示：在"电脑清理"界面右下角点击"自动清理"按钮将启用自动清理功能，用户需设置自动清理周期；点击"经典版清理"按钮则可打开 360 安全卫士的经典版清理界面，在经典版清理界面中信息显示效果更直观。在"电脑清理"界面底部还可点击"清理垃圾""清理插件""清理痕迹""清理软件""系统盘瘦身"按钮进行专项清理。

步骤 3：打开的对话框中提示"清理可能导致部分软件不可用或功能异常"信息，用户需要自行判断是否进行清理。选中相应插件前的复选框（可单选或多选），点击"清理"按钮即可进行清理，如图 6-46 所示。

图 6-46　自定义清理

步骤 4：清理完成后点击右上角的"关闭"按钮，关闭该对话框，返回"电脑清理"界面，点击"一键清理"按钮即可清理全部垃圾。

4. 修复系统漏洞

360 安全卫士的系统修复功能主要用于修复系统漏洞，防止非法用户将病毒或木马植入漏洞中并窃取计算机中的重要资料或破坏系统，从而使计算机无法正常运行。修复系统漏洞的具体操作如下。

步骤 1：启动 360 安全卫士，选择主界面中的"系统修复"选项卡，点击"一键修复"按钮，如图 6-47 所示。

图 6-47　一键修复

步骤 2：系统将自动开始扫描当前计算机是否存在漏洞，并将扫描结果显示在当前界面中，点击"一键修复"按钮对扫描出的潜在危险项进行修复；如果扫描结果无潜在危险项，则无须修复，如图 6-48 所示。

图 6-48　修复漏洞

实训 5　设置手机防盗

【实训目的】

- 了解手机防盗设置的重要性。
- 掌握手机防盗的设置方法。
- 提高信息安全意识和防盗意识。

【实训内容】

随着 5G 技术、人工智能、物联网、大数据等新技术的发展，手机已成为人们日常生活中的重要物品之一。手机不仅可以打电话、发短信，还能实现购物、支付、社交等功能，因此手机中会留下大量的信息，如电话号码、社交账号和密码、支付账号和密码、聊天记录等。若手机不慎遗失或被他人盗用，则可能引发信息泄漏、账号被盗或财产损失等风险。因此，有必要对手机进行防盗设置，包括设置手机打开密码、SIM 卡的 PIN 码等。

1. 设置手机打开密码

锁屏密码可以使手机在未使用时处于锁屏状态，若要使用手机，则必须输入设置的锁屏密码才能打开手机主界面，从而保护手机信息不被他人轻易盗用。通常来说，手机打开密码包括锁屏密码（数字）、手势密码和指纹密码 3 种，下面以荣耀 V30 Pro

手机为例介绍不同密码设置方法，其具体操作如下。

（1）锁屏密码

步骤 1：打开手机，在手机屏幕中点击"设置"按钮 ，如图 6-49 所示。或者用手指从手机顶部向下滑动屏幕，在出现的界面中点击"设置"按钮 。

步骤 2：打开"设置"界面，点击"生物识别和密码"选项，如图 6-50 所示。

步骤 3：打开"生物识别和密码"界面，点击"锁屏密码"选项，如图 6-51 所示。

图 6-49 点击"设置"按钮

图 6-50 点击"生物识别和密码"选项

图 6-51 点击"锁屏密码"选项

步骤 4：打开"设置锁屏数字密码"界面，按提示输入 6 位数字密码，如图 6-52 所示。输入完成系统要求"请再次输入密码"（两次密码要相同），如图 6-53 所示。

步骤 5：确认锁屏密码成功后，系统要求验证华为账号密码，点击"验证"按钮，按提示输入华为账号密码，点击"确定"按钮，完成锁屏密码的设置；点击"取消"按钮，跳过验证，完成锁屏密码的设置。

（2）指纹密码

步骤 1：按系统提示，点击"录入"按钮，开始指纹密码的录入，点击"稍后录入"按钮，返回"生物识别和密码"界面，如图 6-51 所示。点击"指纹"选项，按提示输入"锁屏密码"。

步骤 2：打开"指纹"界面，点击下方的"新建指纹"选项，如图 6-54 所示。

图 6-52　设置"锁屏密码"　　　图 6-53　确认"锁屏密码"　　　图 6-54　点击"新建指纹"

步骤 3：打开"新建指纹"界面，按照界面中的提示将需录入指纹的手指放在指纹传感器上，进行指纹图形的绘制（其间需按提示的要求不断调整手指的角度），如图 6-55 所示。

步骤 4：当界面中显示"录入成功"字样，点击界面下方的"确定"按钮完成指纹密码的设置，如图 6-56 所示。点击"重命名"选项还可以为该指纹指定名称。

图 6-55　"新建指纹"界面　　　图 6-56　指纹录入成功

（3）人脸识别

步骤 1：在如图 6-51 所示的"生物识别和密码"界面，点击"人脸识别"选项，如图 6-57 所示。

步骤 2：按提示输入"锁屏密码"，打开"人脸识别"界面，点击"开始录入"按钮，如图 6-58 所示。其间需按照提示进行操作。

图 6-57 "人脸识别"界面　　　图 6-58 录入面部数据

2. SIM 卡锁定设置

手机被盗后，不法分子通常会取下用户识别模块（Subscriber Identity Module，SIM）卡，插入其他手机以获取手机验证码，然后登录手机 App 进行非法操作。为了避免这种情况发生，用户可以将手机 SIM 卡进行锁定。启用 SIM 卡锁定设置后，需要输入 PIN 码才能使用 SIM 卡。PIN 码是用于保护手机 SIM 卡的一种安全措施，一般为 4～8 位数。设置手机 PIN 码后，每次开机都需要输入 PIN 码。PIN 码累计 3 次输入错误后，SIM 卡将会被锁定，此时持卡人必须拨打运营商客服热线获取 PIN 解锁密钥（PIN Unlocking Key，PUK）才能解锁。下面进行手机 SIM 卡的锁定设置，其具体操作如下。

步骤 1：打开手机，在手机屏幕中点击"设置"按钮，如图 6-49 所示。或者用手指从手机顶部向下滑动屏幕，在出现的界面中点击"设置"按钮。

步骤 2：打开"设置"界面，点击"安全"选项，如图 6-59 所示。

步骤 3：打开"安全"界面，点击"SIM 卡保护"选项，如图 6-60 所示。

步骤 4：打开"SIM 卡保护"界面，点击"开启 SIM 卡保护"选项右侧的"启用"按钮，如图 6-61 所示。

步骤 5：打开"开启 SIM 卡保护"对话框，要求输入当前"SIM 卡的 PIN 码"（一般初始 PIN 码为 1234），输入完成，点击"确定"按钮。

步骤 6：PIN 码验证成功，返回如图 6-61 所示的"SIM 卡保护"界面，此时"开启 SIM 卡保护"选项右侧的按钮将变为，点击"修改 SIM 卡 PIN 码"选项，可以对初始的 PIN 码进行修改。

  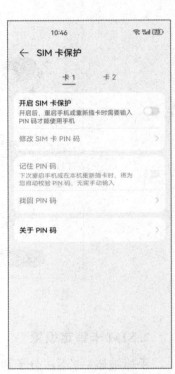

图 6-59　点击"安全"选项　　图 6-60　点击"SIM 卡保护"　　图 6-61　开启 SIM 卡保护

提示：

①不同手机密码设置和 SIM 卡锁定设置方式不同，用户可根据自己手机的实际型号参考上述步骤进行修改，也可以在百度中搜索具体攻略。

②在开启"SIM 卡保护"功能时需要先输入 SIM 卡的初始 PIN 码，不同运营商的初始密码也不相同，用户可拨打运营商电话进行查询。相同运营商的 SIM 卡的初始 PIN 密码是相同的，为了避免密码轻易被他人盗用，启用 SIM 卡保护功能后，还需修改 PIN 码。

实训 6　设置手机权限

【实训目的】

- 了解手机权限设置的重要性。
- 掌握手机权限的设置方法。
- 提高信息安全意识。

【实训内容】

　　智能手机的普及催生出越来越多的 App，用户想使用 App 必须先安装并授予该 App 所需的权限。但在安装过程中，很多用户在面对 App 的应用权限申请时，一般会默认点击"允许"选项，这会使得某些 App 获取了过多的手机权限，如录音权限、相机权限、位置权限等。若是 App 有漏洞，就很容易造成个人信息的泄漏，因此，掌握手机权限的设置方法是非常重要的。下面介绍手机权限的设置方法，其具体操作如下。

　　步骤 1：打开手机，在手机屏幕中点击"设置"按钮⚙，或者用手指从手机顶部向下滑动，再点击"设置"按钮⚙，进入"设置"界面，点击"应用和服务"选项，如图 6-62 所示。

　　步骤 2：打开"应用和服务"界面，点击"权限管理"选项，如图 6-63 所示。

　　步骤 3：打开"权限管理"界面，点击"应用"选项卡，点击需要设置权限的应用，这里选择"高德地图"选项，如图 6-64 所示。

图 6-62　点击"应用和服务"　　　　图 6-63　点击"权限管理"

图 6-64　选择"高德地图"

步骤 4：打开"应用隐私-高德地图"界面，如图 6-65 所示，在"其他权限"栏中点击"创建桌面快捷方式"选项，在打开的界面中可设置该权限为"允许"或"禁止"，如图 6-66 所示。

步骤 5：点击该界面左上角的"返回"按钮←，返回"应用隐私-高德地图"界面，点击底部的"查看所有权限"选项，打开"高德地图权限"界面，如图 6-67 所示。

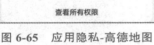

图 6-65　应用隐私-高德地图

图 6-66　设置应用权限

图 6-67　查看所示权限

提示：

①在如图 6-65 所示的界面，点击具体权限名称前的按钮，可快速对该权限进行设置，启用状态为蓝底白图图标，禁用状态为灰色图标。

②不同手机设置应用权限的方式有所不同，用户可根据自己手机的实际型号参考上述步骤进行修改，也可以在百度中搜索具体攻略。

第二部分

习 题 集

习　　题

实训 1　Windows 基础知识

1. 单选题

1. 计算机系统是指（　　　）。

    A. 硬件系统和软件系统　　　　　　B. 运算器、存储器、外部设备

    C. 主机、显示器、键盘、鼠标　　　D. 主机和外部设备

2. 下列不属于计算机外部存储器的是（　　　）。

    A. U 盘　　　　　　B. 硬盘　　　　　　C. 内存条　　　　　　D. 光盘

3. 下列选项中，不属于计算机硬件系统的是（　　　）。

    A. 系统软件　　　　B. 硬盘　　　　　　C. I/O 设备　　　　　D. 中央处理器

4. 计算机中对数据进行加工与处理的硬件为（　　　）。

    A. 控制器　　　　　B. 显示器　　　　　C. 运算器　　　　　　D. 存储器

5. CPU 能直接访问的存储器是（　　　）。

    A. 硬盘　　　　　　B. U 盘　　　　　　C. 光盘　　　　　　　D. ROM

6. 微型计算机的（　　　）集成在微处理器芯片上。

    A. CPU 和 RAM　　　　　　　　　　B. 控制器和 RAM

    C. 控制器和运算器　　　　　　　　 D. 运算器和 RAM

7. 计算机中完成逻辑运算的部件是（　　　）。

    A. 运算器　　　　　B. 累加器　　　　　C. 存储器　　　　　　D. 控制器

8. ROM 中的信息是（　　　）。

    A. 由程序临时存入的　　　　　　　B. 在安装系统时写入的

    C. 由用户随时写入的　　　　　　　D. 由生产厂家预先写入的

9. 计算机中的存储器包括（　　　）和外存储器。

    A. 光盘　　　　　　　　　　　　　B. 硬盘

    C. 内存储器　　　　　　　　　　　D. 半导体存储单元

10. 微型计算机硬件系统中最核心的部件是（　　　）。

    A. 主板　　　　　　　　　　　　　B. I/O 设备

C. 内存储器　　　　　　　　　　　D. 中央处理器（CPU）

11. 世界上第一台电子数字计算机的主要元件是（　　　）。

　　A. 电子管　　　　B. 晶体管　　　　C. 继电器　　　　　D. 光电管

12. 通常所说的 64 位计算机，是指该计算机的 CPU（　　　）。

　　A. 有 64 个运算器

　　B. 可同时计算 64 位二进制数

　　C. 可同时计算 64 位十进制数

　　D. 有 64 个 CPU 核心

13. 英文缩写 ROM 的中文译名是（　　　）。

　　A. U 盘　　　　　　　　　　　　B. 只读存储器

　　C. 随机存取存储器　　　　　　　　D. 高速缓冲存储器

14. 下面关于 ROM 的说法中，不正确的是（　　　）。

　　A. ROM 不是内存而是外存　　　　B. ROM 中的内容在断电后不会消失

　　C. CPU 不能向 ROM 随机写入数据　D. ROM 是只读存储器的英文缩写

15. 我国自行生产的"天河二号"计算机属于（　　　）。

　　A. 微机　　　　　B. 小型机　　　　C. 大型机　　　　D. 巨型机

16. 计算机的主机由（　　　）组成。

　　A. 计算机的主机箱　　　　　　　　B. 运算器和输入输出设备

　　C. 运算器和控制器　　　　　　　　D. CPU 和内存储器

17. 计算机的硬件主要包括 CPU、存储器、输出设备和（　　　）。

　　A. 输入设备　　　B. 鼠标　　　　　C. 显示器　　　　D. 键盘

18. 按计算机的性能、规模和处理能力，可以把计算机分为（　　　）。

　　A. 通用计算机和专用计算机

　　B. 巨型计算机、大型计算机、中型计算机、小型计算机和微型计算机

　　C. 电子数字计算机和电子模拟计算机

　　D. 科学与过程计算计算机、工业控制计算机和数据计算机

19. 按数据的表示和处理方法的不同，计算机可分为数字计算机、（　　　）和混合
　　计算机。

　　A. 生物计算机　　　　　　　　　　B. 模拟计算机

　　C. 量子计算机　　　　　　　　　　D. 光子计算机

20. Windows 允许用户隐藏或显示桌面图标，下列选项中的（　　　）不属于
　　Windows 的桌面系统图标。

　　A. 计算机　　　　B. 回收站　　　　C. 网络　　　　　D. 库

21. 以下查找功能中，可以在 Windows 中实现的有（　　　）。

    A. 按名称和位置查找　　　　　　　B. 按文件的大小查找

    C. 按日期查找　　　　　　　　　　D. 按删除的顺序查找

22. Windows 系统的"文件资源管理器"和"此电脑"窗口（　　　）。

    A. 二者出自不同的厂商

    B. 前者能够做的事后者也能做到

    C. 都是管理文件的工具

    D. 专业人士宜使用后者，而初学者宜使用前者

23. 在 Windows 中，"全角、半角"主要区别在于（　　　）。

    A. 全角方式下输入的英文字母与汉字输出时占同样宽度，半角方式下则为汉字的一半宽度

    B. 无论是全角方式还是半角方式，均能输入英文字母或汉字

    C. 全角方式下只能输入汉字，半角方式下只能输入英文字母

    D. 半角方式下输入的汉字所占宽度为全角方式下输入汉字的一半

24. 下列叙述中，正确的有（　　　）。

    A. 屏幕上打开的窗口都是活动窗口

    B. 不同文件之间可通过剪贴板交换信息

    C. 应用程序窗口最小化成图标后仍在运行

    D. 在不同磁盘间可以用鼠标拖动文件的方法实现文件的复制

25. （　　　）的运算速度可达到每秒一太次以上，主要用于国家高科技领域与工程计算和尖端技术研究。

    A. 专用计算机　　　　　　　　　　B. 巨型计算机

    C. 微型计算机　　　　　　　　　　D. 小型计算机

26. 计算机的字长通常不可能为（　　　）位。

    A. 8　　　　　　B. 12　　　　　　C. 64　　　　　　D. 128

27. 1GB 等于（　　　）。

    A. 1024B　　　　B. 1024KB　　　　C. 1024MB　　　　D. 1024TB

28. Windows 11 桌面中默认显示的系统图标是（　　　）。

    A. 计算机　　　　B. 回收站　　　　C. 网络　　　　　D. 文档

29. 计算机中"字节"的英文名称为（　　　）。

    A. Bit　　　　　B. Bity　　　　　C. Bait　　　　　D. Byte

30. Windows 的主题不包含下列选项中的（　　　）。

    A. 背景　　　　　B. 声音　　　　　C. 光标　　　　　D. 屏幕保护程序

2. 判断题

1. 通常计算机的存储容量越大，性能就越好。（　　　）

    A. 正确　　　　　　　　　　　　B. 错误

2. 微型计算机最早出现在第三代计算机中。（　　　）

    A. 正确　　　　　　　　　　　　B. 错误

3. 主机以外的大部分硬件设备称为外围设备或外部设备，简称外设。（　　　）

    A. 正确　　　　　　　　　　　　B. 错误

4. 第三代计算机的逻辑部件采用的是小规模集成电路。（　　　）

    A. 正确　　　　　　　　　　　　B. 错误

5. CPU 的主要任务是取出指令、解释指令和执行指令。（　　　）

    A. 正确　　　　　　　　　　　　B. 错误

6. 输入和输出设备是用于存储程序及数据的装置。（　　　）

    A. 正确　　　　　　　　　　　　B. 错误

7. 通常所说的计算机存储容量是以 ROM 的容量为准。（　　　）

    A. 正确　　　　　　　　　　　　B. 错误

8. 中央处理器和主存储器构成计算机的主体，称为主机。（　　　）

    A. 正确　　　　　　　　　　　　B. 错误

9. 显示器既是输入设备又是输出设备。（　　　）

    A. 正确　　　　　　　　　　　　B. 错误

10. 键盘和显示器都是计算机的 I/O 设备，键盘是输入设备，显示器是输出设备。
    （　　　）

    A. 正确　　　　　　　　　　　　B. 错误

11. 计算机软件按其用途和实现的功能可分为系统软件和应用软件两大类。（　　　）

    A. 正确　　　　　　　　　　　　B. 错误

12. 在小写状态中输入大写字母的方法是 Shift + 字母键。（　　　）

    A. 正确　　　　　　　　　　　　B. 错误

13. 键盘上的"Delete"键和"Backspace"（退格键）都可以用来删除字符。（　　　）

    A. 正确　　　　　　　　　　　　B. 错误

14. Windows 中在回收站中的文件不能被直接打开。（　　　）

    A. 正确　　　　　　　　　　　　B. 错误

15. 在使用计算机时，开机和关机是必不可少的操作，不适当的开机、关机均会
    对计算机的工作和使用寿命造成一定的影响。（　　　）

    A. 正确　　　　　　　　　　　　B. 错误

16. Windows 的任务栏只能位于桌面的底部。(　　　)

　　A. 正确　　　　　　　　　　　　　B. 错误

17. Windows 系统中的文件可以不经过回收站而被永久删除。(　　　)

　　A. 正确　　　　　　　　　　　　　B. 错误

实训 2　WPS Office 文字

1. 单选题

1. 点击 WPS 文字主窗口标题栏右边显示的"最小化"按钮后,(　　　)。

　　A. WPS 文字程序被关闭

　　B. WPS 文字的窗口变成任务栏上的一个按钮

　　C. WPS 文字的窗口未关闭,"最小化"按钮变成"关闭"按钮

　　D. 被打开的文档窗口未关闭

2. 在 WPS 文字中,要打开已有文档,应在快速访问工具栏中点击(　　　)按钮。

　　A. 打开　　　　B. 保存　　　　C. 新建　　　　D. 打印

3. 在 WPS 文字中,要选定一个英文单词,可以用鼠标在单词的任意位置(　　　)。

　　A. 双击　　　　　　　　　　　　B. 点击

　　C. 右击　　　　　　　　　　　　D. 按住 Ctrl 键的同时点击

4. 在 WPS 文字中,移动插入点到文件末尾的快捷键是(　　　)。

　　A. Ctrl + PageDown　　　　　　　　B. Ctrl + PageUp

　　C. Ctrl + Home　　　　　　　　　　D. Ctrl + End

5. 要在 WPS 文字的文档编辑区中选取若干个连续字符进行处理,正确的操作是(　　　)。

　　A. 在此段文字的第一个字符处按下鼠标左键,拖动至要选择的最后字符处松开鼠标左键

　　B. 在此段文字的第一个字符处点击鼠标左键,再移动光标至要选取的最后字符处点击鼠标左键

　　C. 在此段文字的第一个字符处按"Home"键,再移动光标至要选取的最后字符处按 End 键

　　D. 在此段文字的第一个字符处按下鼠标左键,再移动光标至要选取的最后字符处,按住 Ctrl 键的同时点击鼠标左键

6. 在 WPS 文字文档编辑区,要将一段已被选定的文字复制到同一文档的其他位置上,正确的操作是(　　　)。

　　A. 将鼠标光标放到该段文字上点击,再拖到目标位置上点击

B. 将鼠标光标放到该段文字上点击，再拖到目标位置上按"Ctrl"键并点击鼠标左键

C. 将鼠标光标放到该段文字上，按住"Ctrl"键的同时按下鼠标左键，拖动到目标位置上并松开鼠标和"Ctrl"键

D. 将鼠标光标放到该段文字上，按下鼠标左键，拖动到目标位置上并松开鼠标

7. 在 WPS 文字主窗口中，用户（　　　）。

A. 只能在一个窗口中编辑一个文档

B. 能够打开多个窗口，但只能编辑同一个文档

C. 能够打开多个窗口并编辑多个文档，但不能有两个窗口编辑同一个文档

D. 能够打开多个窗口并编辑多个文档，可多个窗口编辑同一个文档

8. WPS 文字中默认将汉字从小到大分为 16 级，最大的字号为（　　　）。

A. 小初号　　　　B. 初号　　　　C. 八号　　　　D. 四号

9. 在 WPS 文字窗口中，如果双击某行文字左端的空白处（鼠标指针将变为空心箭头状），可选择（　　　）。

A. 一行　　　　B. 多行　　　　C. 一段　　　　D. 一页

10. 不选择文本，设置 WPS 文字字体，则所做的设置（　　　）。

A. 不对任何文本起作用　　　　B. 对全部文本起作用

C. 对当前文本起作用　　　　D. 对插入点后新输入的文本起作用

11. 在 WPS 文字文档中，选择"文件"选项卡下的"另存为"命令，可以将当前打开的文档另存为的文档类型是（　　　）。

A. .txt　　　　B. .pptx　　　　C. .xlsx　　　　D. .bat

12. 在 WPS 文字中，对于已执行过存盘命令的文档，为了防止突然断电丢失新输入的文档内容，应经常执行（　　　）命令。

A. 保存　　　　B. 另存为　　　　C. 关闭　　　　D. 退出

13. 在 WPS 文字中，对于打开的文档，如果要另外保存，须选择（　　　）命令。

A. 复制　　　　B. 保存　　　　C. 剪切　　　　D. 另存为

14. 在 WPS 文字中，对于正在编辑的文档，选择（　　　）命令，输入文件名后，仍可继续编辑此文档。

A. "退出"　　　　B. "关闭"

C. "文件"→"另存为"　　　　D. "撤销"

15. 在 WPS 文字中，对于新建的文档，执行"保存"命令并输入文档名（如"我的家乡"）后，标题栏显示（　　　）。

A. 我的家乡　　　　B. 我的家乡.docx

C. 文字文稿 1　　　　D. .docx

16. 在 WPS 文字的编辑状态下，打开文档"ABC. docx"，修改后另存为"ABD. docx"，则文档"ABC. docx"（　　　）。

    A. 被文档 ABD. docx 覆盖　　　　　B. 被修改但未关闭

    C. 未修改并被关闭　　　　　　　　D. 被修改并关闭

17. WPS 文档处于打印预览状态时，若要打印文档，则（　　　）。

    A. 必须退出预览状态后才可以打印

    B. 在打印预览状态下可以直接打印

    C. 在打印预览状态下不能打印

    D. 只能在打印预览状态打印

18. 在 WPS 文字中，对于新建的文档且经过编辑后，选择"关闭"（"保存"）命令时，将打开（　　　）对话框。

    A. 另存文件　　　B. 打开　　　　　C. 新建　　　　　　D. 页面设置

19. 使用 WPS 文字编辑一个纯文本文档时，需要保存的扩展名是（　　　）。

    A. .docx　　　　　B. .txt　　　　　　C. .wps　　　　　　D. .bmp

20. 在 WPS 文字中，不打印却想要查看打印的文件是否符合要求，可以点击（　　　）。

    A. "打印预览"按钮　　　　　　　B. "文件"按钮

    C. "新建"按钮　　　　　　　　　D. "文件名"按钮

21. 在打印 WPS 文字的文档时，不能设置的打印参数是（　　　）。

    A. 打印份数　　　B. 打印范围　　　　C. 选择打印机　　　D. 页码位置

22. 在 WPS 文字中，要打印一篇文档的第 1，3，5，6，7 和 20 页，需在"打印"对话框的页码范围文本框中输入（　　　）。

    A. 1-3,5-7,20　　　B. 1-3,5,6,7-20　　C. 1,3-5,6-7,20　　D. 1,3,5-7,20

23. 在 WPS 文字中，打印页码 3-5，10，12 表示打印的页码（　　　）。

    A. 3,4,5,10,12　　　　　　　　　B. 5,5,5,10,12

    C. 3,3,3,10,12　　　　　　　　　D. 10,10,10,12,12,12,12,12

24. 在 WPS 文字中，文档编辑状态下，为选定的文本设置行间距，可选择的操作是（　　　）。

    A. "开始"选项卡→"段落"选项组→"段落"对话框

    B. "开始"选项卡→"字体"选项组→"段落"对话框

    C. "页面布局"选项卡→"段落"选项组→"段落"对话框

    D. "视图"选项卡→"段落"选项组→"段落"对话框

25. 在 WPS 文字中，段落形成于（　　　）。

    A. 按"Enter"键后　　　　　　　　B. 按"Shift + Enter"快捷键后

C. 有空行作为分隔　　　　　　　　D. 输入字符达到一定行宽就自动转入一行

26. 在 WPS 文字中，在"字体"选项组中有"字体""字号"下拉列表框，当选取一段文字后，这两项分别显示"仿宋体""四号"，这说明（　　　）。

    A. 被选取的文字的当前格式为四号、仿宋体

    B. 被选取的文字将被设定的格式为四号、仿宋体

    C. 被编辑文档的总体格式为四号、仿宋体

    D. 将中文版 Word 中默认的格式设定为四号、仿宋体

27. 在 WPS 文字的"查找和替换"对话框内指定"查找内容"，但在"替换为"编辑区内未输入任何内容，此时点击"全部替换"按钮，则执行结果是（　　　）。

    A. 能执行，显示空格

    B. 只做查找，不做任何替换

    C. 将所有查找到的内容全部删除

    D. 每查找到一个匹配项将询问用户，让用户指定替换内容

28. 在 WPS 文字中，可利用（　　　）选项卡中的"查找"命令查找指定内容。

    A. 开始　　　　　B. 插入　　　　　C. 页面布局　　　　　D. 视图

29. 在 WPS 文字中，在"查找和替换"对话框中，点击（　　　）选项卡后才能执行替换操作。

    A. 替换　　　　　B. 查找　　　　　C. 定位　　　　　D. 常规

30. 在 WPS 文字中，如果要将文档中的字符串"男生"替换为"女生"，应在（　　　）文本框中输入"女生"。

    A. 查找内容　　　B. 替换为　　　　C. 搜索范围　　　　D. 同音

31. 在 WPS 文字中，在查找和替换过程中，如果只替换文档的部分字符串，应先点击（　　　）按钮。

    A. 查找下一处　　B. 替换　　　　　C. 常规　　　　　D. 格式

32. 在 WPS 文字中，点击"查找下一处"按钮，找到目标后，点击（　　　）按钮，可替换成新的内容。

    A. 常规　　　　　B. 查找下一处　　C. 取消　　　　　D. 替换

33. 在 WPS 文字中，如果要对查找到的字符串进行修改，且不关闭"查找和替换"对话框，应（　　　），再进行修改。

    A. 按 Enter 键　　　　　　　　　　B. 不移动插入点

    C. 先将插入点置于找到的字符串处　D. 按 Esc 键

34. 在 WPS 文字中，将字符串"WPS"替换为"wps"，需要在"查找和替换"对话框中选中（　　　）复选框才能实现。

    A. 区分大小写　　B. 区分全半角　　C. 全字匹配　　　　D. 模式匹配

35. 在 WPS 文字中，查找和替换功能非常强大，下面的叙述中正确的是（   ）。

    A. 不可以指定查找文字的格式，只可以指定替换文字的格式

    B. 可以指定查找文字的格式，但不可以指定替换文字的格式

    C. 不可以按指定文字的格式进行查找及替换

    D. 可以按指定文字的格式进行查找及替换

36. 在 WPS 文字中，采用带有"通配符"查找时，应选中"（   ）"复选框。

    A. 使用通配符和区分全/半角   B. 使用通配符

    C. 区分全/半角   D. 区分大小写

37. 在 WPS 文字中，对已输入内容的文档进行排版，若未进行选择而设置行间距，则（   ）。

    A. 只影响插入点所在行   B. 只影响插入点所在段落

    C. 只影响当前页   D. 影响整个文档

38. 在 WPS 文字中，当插入点位于文本框中时，（   ）的内容进行查找。

    A. 既可对文本框又可对文档中   B. 只能对文档中

    C. 只能对文本框中   D. 不能对任何部分

39. 在 WPS 文字中，双击"格式刷"按钮可将一种格式从一个区域一次复制到（   ）区域。

    A. 三个   B. 多个   C. 一个   D. 两个

40. 在 WPS 文字中，如果需要在文档各段前面加编号，可以采用命令进行设置，此命令所在的选项卡为"（   ）"。

    A. 编辑   B. 插入   C. 开始   D. 工具

41. 在 WPS 文字中，如果在输入字符后点击"撤销"按钮，将（   ）。

    A. 删除输入的字符   B. 复制输入的字符

    C. 复制字符到任意位置   D. 恢复字符

42. 在 WPS 文字中，如果在删除输入的字符后点击"撤销"按钮，将（   ）。

    A. 在原位置恢复输入的字符   B. 删除字符

    C. 在任意位置恢复输入的字符   D. 把字符存放到剪贴板中

43. 在 WPS 文字中，要修改已输入文本的字号，可以在选择文本后，点击（   ）按钮选择字号。

    A. 加粗   B. 新建   C. "字号"下拉   D. "字体"下拉

44. 在 WPS 文字中，如果未选择文本，点击"字体颜色"下拉按钮，选择颜色后，可以为（   ）设置颜色。

    A. 所有已输入的文本   B. 当前插入点所在的段落

C. 整篇文档　　　　　　　　　　D. 后面将要输入的字符

45. 在 WPS 文字中，如果要改变某段文本的颜色，应（　　），再选择颜色。

A. 先选择该段文本　　　　　　　B. 将插入点置于该段文本中

C. 不选择文本　　　　　　　　　D. 选择任意文本

46. 在 WPS 文字中，如果要将一行标题居中显示，可以将插入点移到该标题行，点击（　　）按钮。

A. 居中　　　　B. 减少缩进量　　　C. 增加缩进量　　　D. 分散对齐

47. 在 WPS 文字中，如果要在每一个段落的前面自动添加编号，应启用（　　）按钮。

A. 格式刷　　　B. 项目符号　　　C. 编号　　　D. 字号

48. 在 WPS 文字中，将某一段文本的格式复制给另一段文本：先选择源文本，点击（　　）按钮后才能进行格式复制。

A. 格式刷　　　B. 复制　　　C. 重复　　　D. 保存

49. 在 WPS 文字的编辑状态下，若要输入希腊字母Ω，则需要使用（　　）选项卡。

A. 开始　　　B. 插入　　　C. 页面布局　　　D. 对象

50. 在 WPS 文字的编辑状态下，对图片不可以进行的操作是（　　）。

A. 裁剪　　　B. 移动　　　C. 分栏　　　D. 改变大小

51. 在 WPS 文字的编辑状态下，与普通文本的选择不同，点击艺术字时，选中的是（　　）。

A. 艺术字整体　　　　　　　　　B. 一行艺术字

C. 部分艺术字　　　　　　　　　D. 文档中插入的所有艺术字

52. 在 WPS 文字的编辑状态下，在未选中艺术字时，可以对艺术字进行的操作是（　　）。

A. 插入艺术字　B. 编辑文字　　　C. 修改艺术字库　　D. 修改艺术字形状

53. 在 WPS 文字的编辑状态下，编辑艺术字时，应先切换到（　　）视图选中艺术字。

A. 大纲　　　B. 页面　　　C. 打印预览　　　D. 阅读版式

54. 在 WPS 文字中，可以在文档的每页或一页上打印一个图形作为页面背景，这种特殊的文本效果被称为（　　）。

A. 图形　　　B. 艺术字　　　C. 插入艺术字　　　D. 水印

55. 在 WPS 文字中，下列方式中可以显示页眉和页脚的是（　　）。

A. Web 版式　　　B. 阅读版式　　　C. 大纲　　　D. 全屏显示

56. 在 WPS 文字中输入页眉、页脚内容的选项所在的选项卡是（　　）。

A. 文件　　　B. 插入　　　C. 视图　　　D. 格式

57. 在 WPS 文字的编辑状态下，选中文本框后，将鼠标指针指向（　　），点击鼠标右键，在弹出的快捷菜单中选择"设置文本框格式"命令。

    A. 文本框的任意位置　　　　　　B. 文本框外边

    C. 文本框的边界位置　　　　　　D. 文本框内部

58. 在 WPS 文字编辑状态下，给当前打开的文档加上页码，应使用的选项卡是（　　）。

    A. 编辑　　　　B. 插入　　　　C. 格式　　　　D. 开发工具

59. 在 WPS 文字中，要取消利用"边框"按钮为一段文本所添加的文本框,（　　），再点击字符边框按钮。

    A. 先选定已加边框的文本　　　　B. 不选定文本

    C. 插入点置于任意位置　　　　　D. 选定整篇文档

60. 在 WPS 文字中，在点击文本框后，按（　　）键可以删除文本框。

    A. Enter　　　　B. Alt　　　　C. Delete　　　　D. Shift

61. 在 WPS 文字中，如果要删除文本框中的部分字符，插入点应置于（　　）位置。

    A. 文档中的任意　　　　　　B. 文本框中需要删除的字符

    C. 文本框中的任意　　　　　D. 文本框的开始

62. 在 WPS 文字中，将整篇文档的内容全部选中，可以使用的快捷键是（　　）。

    A. Ctrl + X　　　　B. Ctrl + C　　　　C. Ctrl + V　　　　D. Ctrl + A

63. 在 WPS 文字中，希望在打印文档时每一页都有页码,最佳实现方法是（　　）。

    A. 由文档根据纸张大小进行分页时自动加页码

    B. 执行"插入"选项卡→"页码"项加以指定

    C. 应由用户执行菜单"文件"→"页面设置"项加以指定

    D. 应由用户在每一页的文字中自行输入

64. 在 WPS 文字中，可以在正文的表格中填入的信息（　　）。

    A. 只限于文字形式　　　　　　B. 只限于数字形式

    C. 可以是文字、数字和图形对象等　D. 只限于文字和数字形式

65. 用 WPS 文字制作表格时，下列叙述不正确的是（　　）。

    A. 将光标移到所需行中任一单元格内的最左侧，点击鼠标左键即可选定该行

    B. 将光标移到所需列的上端，光标变成垂直向下的箭头后，点击鼠标左键即可选定该列

    C. 将光标移到所需行最左边的单元格，拖动到最右边的单元格时选定该行

    D. 要选定连续的多个单元格，可用鼠标连续拖动经过若干单元格

66. 在 WPS 文字编辑状态中，当前文档有一个表格，选定表格中的某列，点击"表格工具"选项卡中"删除"→"行"命令后，（　　）。

    A. 所选定的列的内容被删除，该列变为空列

B. 表格的全部内容被删除，表格变为空表

C. 所选定的列被删除，该列右边的单元格向左移

D. 表格全部被删除

67. 对 WPS 文字的表格功能说法正确的是（　　）。

A. 表格一旦建立，行和列不能随意增加和删除

B. 对表格中的数据不能进行运算

C. 表格单元中不能插入图形文件

D. 可以拆分单元格

68. 在 WPS 文字编辑表格状态下，若光标位于表格外侧右侧的行尾处，按 Enter 键，结果为（　　）。

A. 光标移到下一行，表格行数不变

B. 光标移动到下一行

C. 在本单元格内换行，表格行数不变

D. 光标移到一下行，表格行数增加一行

69. 在 WPS 文字编辑表格状态下，若想将表格中连续三列的列宽调整为 1 厘米，应该先选中这三列，然后点击（　　）。

A. "表格工具"→"自动调整"→"平均分布各列"

B. "表格工具"→"宽度"

C. "表格工具"→"自动调整"→"宽度"

D. "插入"→"宽度"

70. 在 WPS 文字中，表格拆分指的是（　　）。

A. 从某两行之间把原来的表格分为上、下两个表格

B. 从某两列之间把原来的表格分为左、右两个表格

C. 从表格的正中间把原来的表格分为两个表格，方向由用户指定

D. 在表格中由用户任意指定一个区域，将其单独分成另一个表格

71. 在 WPS 文字中，将文字转换为表格时，可以使用（　　）作为文字分隔位置。

A. 逗号　　　　　B. 空格　　　　　C. 制表符　　　　　D. 以上都可以

72. 在 WPS 文字中，表格和文本是互相转换的，有关此操作正确的说法是（　　）。

A. 文本只能转换成表格　　　　　B. 表格只能转换成文本

C. 文本与表格可以相互转换　　　　　D. 文本与表格不能相互转换

73. 在 WPS 文字中，若要对表格的一行数据合计，正确的公式是（　　）。

A. sum(above)　　B. average(left)　　C. sum(left)　　　　D. average(above)

74. 在 WPS 文字中，选择"（　　）"选项卡→"对象"命令，在随后出现的"对

象"对话框的"对象类型"列表框中选择"WPS 公式 3.0"项，进入"公式"编辑环境。

　　A. 编辑　　　　　B. 插入　　　　　C. 格式　　　　　D. 工具

75. 在 WPS 文字编辑状态下，绘制一个图形，首先应该选择（　　　）。

　　A."插入"→"图片"按钮　　　　　B."开始"→"新样式"按钮

　　C."插入"→"形状"按钮　　　　　D."插入"→"文本框"按钮

76. 在 WPS 文字中，如果在有文字的区域绘制图形，则在文字与图形的重叠部分（　　　）。

　　A. 文字不可能被覆盖　　　　　　B. 文字小部分被覆盖

　　C. 文字被覆盖　　　　　　　　　D. 文字大部分被覆盖

77. 在 WPS 文字中，实现首字下沉的操作，应选择的操作为（　　　）。

　　A."开始"→"首字下沉"　　　　　B."页面布局"→"首字下沉"

　　C."插入"→"首字下沉"　　　　　D."视图"→"首字下沉"

78. 在 WPS 文字中进行页面设置时，应首先执行的操作是（　　　）。

　　A. 在文档中选取一定的内容作为设置对象

　　B. 选取"页面布局"选项卡→"页面设置"

　　C. 选取"开始"选项卡→"字体"

　　D. 选取"引用"选项卡

79. 在 WPS 文字中，若要使纸张横向打印，在"页面设置"对话框中应选择的选项卡是（　　　）。

　　A. 页边距　　　　　B. 纸张　　　　　C. 版式　　　　　D. 文档网格

80. 在 WPS 文字中，边界"左缩进""右缩进"是指段落的左、右边界（　　　）。

　　A. 以纸张边缘为基准向内缩进

　　B. 以"页边距"的位置为基准向内缩进

　　C. 以"页边距"的位置为基准，都向左移动或向右移动

　　D. 以纸张的中心位置为基准，分别向左、向右移动

81. 在 WPS 文字中，如果规定某一段的第一行左端起始位置在该段其余各行的右侧，称此为（　　　）。

　　A. 左缩进　　　　B. 右缩进　　　　C. 首行缩进　　　　D. 首行悬挂缩进

82. 在 WPS 文字中，为当前文档添加"水印"应通过（　　　）选项卡来实现。

　　A. 插入　　　　　B. 页面布局　　　　C. 开始　　　　　D. 视图

83. 在 WPS 文字中，段落对齐方式中的"两端对齐"是指（　　　）。

　　A. 左、右两端都要对齐，字符少的将加大间距，把字符分散开以便两端对齐

  B. 左、右两端都要对齐，字符少的将左对齐

  C. 或者左对齐，或者右对齐，统一即可

  D. 在段落的第一行右对齐，末行左对齐

84. 在 WPS 文字中，如果文档某一段与其前后两段之间有较大的间隔，一般应（ ）。

  A. 在两行之间按"Enter"键添加空行

  B. 在两段之间按"Enter"键添加空行

  C. 用段落格式的设定来增加段间距

  D. 用字符格式的设定来增加字符间距

85. 在 WPS 文字中，要将一个段落末尾的"回车符"删除，使此段落与其后的段落合为一段，则原来的文字内容将（ ）。

  A. 采用原来设定的格式   B. 默认的格式

  C. 采用原来后段的格式   D. 无格式，必须重新设定

86. 在 WPS 文字中，下述关于分栏操作的说法，正确的是（ ）。

  A. 栏与栏之间不可以设置分隔线

  B. 任何视图下均可看到分栏效果

  C. 设置各栏的宽度和间距与页面宽度无关

  D. 可以将指定的段落分成指定宽度的两栏

87. 在 WPS 文字中，若想自动生成目录，一般在文档中应包含（ ）段落格式。

  A. 对齐   B. 大纲级别   C. 缩进   D. 项目编号

88. 在 WPS 文字中，若想对文档自动生成目录，通过（ ）选项卡来实现。

  A. 插入   B. 引用   C. 页面布局   D. 视图

89. 在 WPS 文字中，为当前文档插入脚注、尾注，需要通过（ ）选项卡来实现。

  A. 插入   B. 引用   C. 页面布局   D. 开始

90. 在 WPS 文字中，对文本框的内容执行"查找"命令时，应切换到（ ）视图。

  A. 全屏显示   B. 页面或 Web 版式

  C. 打印预览   D. 以上都不对

91. 在 WPS 文字中，向右拖动标尺上的（ ）缩进标志，插入点所在的整个段落将向右移动。

  A. 左   B. 右   C. 首行   D. 悬挂

92. 在 WPS 文字中，向左拖动标尺上的右缩进标志，（ ）向左移动。

  A. 插入点所在段落除第一行以外的全部

  B. 插入点所在的段落

C. 插入点所在段落的第一行

D. 整篇文档

93. 在 WPS 文字中，欲选中文本中不连续的两个文字区域，应在拖动鼠标前，按住（　　）键不放。

A. Ctrl　　　　　B. Alt　　　　　C. Shift　　　　　D. 空格

94. 在 WPS 文字中，在水平标尺上（　　），可在标尺相应位置设置特殊制表符。

A. 双击鼠标右键　　　　　　　B. 点击鼠标左键

C. 双击鼠标左键　　　　　　　D. 拖动鼠标

95. 在 WPS 文字中，如果设置完一种对齐方式后，要在下一个特殊制表符的对应列输入文本，应按（　　）键。

A. 空格　　　　　B. Tab　　　　　C. Enter　　　　　D. Ctrl + Tab

96. 在 WPS 文字中，将鼠标指针指向（　　），双击鼠标左键打开"制表位"对话框。

A. 水平标尺上设置的特殊制表符　　B. 水平标尺的任意位置

C. 垂直滚动条　　　　　　　　D. 垂直标尺

97. 在 WPS 文字中，在插入脚注、尾注时，应不使当前视图为（　　）。

A. Web 版式　　　B. 页面视图　　　C. 大纲视图　　　D. 全屏视图

98. 在 WPS 文字中，（　　）视图方式可以使得显示效果与打印预览基本相同。

A. 阅读版式　　　B. 大纲　　　　C. Web 版式　　　D. 页面

99. 在 WPS 文字中，各级标题层次分明的是（　　）。

A. 全屏视图　　B. Web 版式视图　C. 页面视图　　　D. 大纲视图

100. 在 WPS 文字中，能将所有的标题分级显示出来，但不显示图形对象视图的是（　　）。

A. 页面视图　　　B. 大纲视图　　　C. Web 版式视图　　D. 普通视图

101. 在 WPS 文字中，下列说法中错误的是（　　）。

A. 用户可以根据文档的保密程度对文档设置"打开权限"或"修改权限"密码

B. 用户可以将文档设置为"只读"属性

C. "打开权限"和"修改权限"密码设定后，无法更改

D. 设置"修改权限"密码后，若输入的"修改密码"错误，将以"只读"方式打开

102. 在 WPS 文字中，对于已设置了修改权限密码的文档，如果不输入密码，该文档（　　）。

A. 将不能打开　　　　　　　　B. 能打开且修改后能保存为其他文档

C. 能打开但不能修改　　　　　　　D. 能打开且能修改

103. 在 WPS 文字中，对于只设置了打开权限密码的文档，输入密码验证后，可以打开文档（　　）。

　　A. 但不能修改

　　B. 修改后既可以保存为其他文档，又可以保存为原文档

　　C. 可以修改但必须保存为其他文档

　　D. 可以修改但不能保存为其他文档

104. 在 WPS 文字中"页面设置"默认的纸张大小规格是（　　）。

　　A. 16K　　　　　　B. B4　　　　　　C. A3　　　　　　D. A4

105. 在 WPS 文字中，可以把预先定义好的多种格式的集合全部应用在选定的文字上的特殊文档称为（　　）。

　　A. 母版　　　　　B. 项目符号　　　　C. 样式　　　　　D. 格式

106. 在 WPS 文字中，以下关于多个图形对象的说法正确的是（　　）。

　　A. 可以进行"组合"图形对象操作，也可以进行"取消组合"操作

　　B. 既不可以进行"组合"图形对象操作，也不可以进行"取消组合"操作

　　C. 可以进行"组合"图形对象操作，但不可以进行"取消组合"操作

　　D. 不可以进行"组合"图形对象操作，但可以进行"取消组合"操作

107. 在 WPS 文字编辑状态中，执行"开始"选项卡中的"复制"命令后，（　　）。

　　A. 插入点所在段落的内容被复制到剪贴板

　　B. 被选择的内容复制到剪贴板

　　C. 光标所在段落的内容被复制到剪贴板

　　D. 被选择的内容复制到插入点

108. 在 WPS 文字中，关于页码设置正确的描述是（　　）。

　　A. 整篇文档的每一页均须有页码

　　B. 文档的首页可以不含页码

　　C. 文档中某一节内各页的页码序号可以不连续

　　D. 起始页码必须从"1"开始

109. 下列关于 WPS 文字中的"节"说法错误的是（　　）。

　　A. 整个文档既可以是一个节，也可以分成几个节

　　B. 不同的节可以设置不同的页眉、页脚

　　C. 所有节必须设置单一连续的页码

　　D. 每一节可采用不同的格式排版

2. 操作题

请用 WPS 文字对素材文件夹 2-1 下的文档 wps. docx 进行编辑、排版和保存，按下列要求完成操作，并同名保存结果。

（1）删除文中所有的空段，将文中的"北京礼品"一词替换为"北京礼物"。

（2）将标题"北京礼物 Beijing Gifts"设为小二号字、红色、并居中对齐，将其中的中文"北京礼物"设为黑体，英文"Beijing Gifts"设为英文字体"Times New Roman"，并仅为英文加圆点型着重号。将考生文件夹下的图片 gift. jpg 插入标题文字左侧。

（3）设置正文段（"来到北京……规范化、高效化的中国礼物"）为蓝色、小四号字，首行缩进 2 字符，段前间距为 0.5 行，1.5 倍行间距。

（4）将"'北京礼物'连锁店一览表"作为表格标题，并将其居中，设为小三号字、楷体、红色。将表格标题下面的以制表符分隔的文本（"编号……65288866"）转换为一个表格，将该表格的外框线设置为蓝色、双细线、0.5 磅，内框线设为蓝色、单细线、0.75 磅，第一行和第一列分别以"浅绿"色填充。

（5）将表格四列列宽依次设为 15 毫米、45 毫米、95 毫米、20 毫米，所有行高均设为固定值 8 毫米。表格整体居中。将表格的第一行文字加粗、靠下居中对齐；第一列中的编号（即：1、2……15）水平、垂直均居中。

实训 3　WPS Office 表格

1. 单选题

1. WPS 表格广泛应用于（　　　　）。

  A. 统计分析、财务管理分析、股票分析和经济、行政管理等各个方面

  B. 工业设计、机械制造、建筑工程

  C. 美术设计、装潢、图片制作等各个方面

  D. 多媒体制作

2. 关于 WPS 表格，以下选项错误的是（　　　　）。

  A. WPS 表格是电子表格处理软件

  B. WPS 表格不具有数据库管理能力

  C. WPS 表格具有报表编辑、分析数据、图表处理、连接及合并等能力

  D. WPS 表格可以利用宏功能简化操作

3. 在 WPS 表格中，数据的输入和计算是通过（　　　　）来完成的。

  A. 工作簿　　　　B. 工作表　　　　C. 单元格　　　　D. 窗口

4. WPS 表格的三个主要功能是（　　　　）、图表制作和数据库管理。

  A. 多媒体数据处理　　　　　　　　B. 文字输入

　　C. 公式计算　　　　　　　　　　　D. 格式处理

5. WPS 表格中的数据库管理功能是（　　　）。

　　A. 筛选数据　　　B. 排序数据　　　C. 汇总数据　　　D. 以上都是

6. WPS 表格中有关工作簿的概念，以下叙述错误的是（　　　）。

　　A. 一个电子表格文件就是一个工作簿

　　B. 一个电子表格文件可包含多个工作簿

　　C. 一个工作簿可以只包含一张工作表

　　D. 一个工作簿可以包含多张工作表

7. 在 WPS 表格环境中可以用来永久存储数据的文件称为（　　　）。

　　A. 工作簿　　　　B. 工作表　　　　C. 图表　　　　　D. 数据库

8. 关于 WPS 表格的功能，以下叙述错误的是（　　　）。

　　A. 在 WPS 表格中，可以处理图形

　　B. 在 WPS 表格中，可以处理公式

　　C. WPS 表格的数据库管理可支持数据的记录、增、删、改等操作

　　D. 各工作表是相互独立的，出于安全考虑，工作表中的数据不可以相互调用

9. 在 WPS 表格的工作表中最小的操作单位是（　　　）。

　　A. 一列　　　　　B. 一行　　　　　C. 一张二维表　　D. 单元格

10. WPS 表格中的工作表是（　　　）维表格。

　　A. 一　　　　　　B. 二　　　　　　C. 三　　　　　　D. 都不是

11. 以下文件类型中，（　　　）是 WPS 表格的标准文件格式。

　　A. *.xlsx　　　　B. *.et　　　　　C. *.do　　　　　D. *.ppt

12. 新建 WPS 工作簿，默认工作表数是（　　　）。

　　A. 1　　　　　　B. 2　　　　　　C. 3　　　　　　D. 4

13. 在 WPS 表格中，每张工作表最多可以容纳的行数是（　　　）。

　　A. 256 行　　　　B. 1024 行　　　C. 65536 行　　　D. 1048576 行

14. WPS 表格的窗口包含（　　　）。

　　A. 标题栏、工具栏、标尺　　　　　B. 菜单栏、工具栏、标尺

　　C. 编辑栏、标题栏、选项卡　　　　D. 菜单栏、状态栏、标尺

15. 在 WPS 表格中，位于同一工作簿中的各工作表之间（　　　）。

　　A. 不能有关联　　　　　　　　　　B. 不同工作表中的数据可以相互引用

　　C. 可以重名　　　　　　　　　　　D. 排列顺序会影响数据

16. 在 WPS 表格中，（　　　）是不能进行的操作。

　　A. 恢复被删除的工作表　　　　　　B. 修改工作表名称

　　C. 移动和复制工作表　　　　　　　D. 插入和删除工作表

17. 下列单元格地址的引用不正确的是（　　　）。

    A. B3　　　　　　　B. 3B　　　　　　　C. $B3　　　　　　　D. $B3

18. 下列单元格地址引用表示为绝对引用的是（　　　）。

    A. B3　　　　　　　B. B$3　　　　　　　C. $B$3　　　　　　　D. $B3

19. WPS 表格的每个工作簿可包含多个工作表，当前工作表（　　　）。

    A. 只能有一个　　B. 可以有两个　　C. 可以有三个　　D. 可以有四个

20. 利用鼠标并配合键盘上的（　　　）键，可以同时选取连续的单元格区域。

    A. Ctrl　　　　　　B. Enter　　　　　　C. Shift　　　　　　D. Alt

21. 在 WPS 表格中，选择多个不连续的单元格区域可以用鼠标和（　　　）键配合实现。

    A. Shift　　　　　　B. Alt　　　　　　C. Ctrl　　　　　　D. Enter

22. 在使用 WPS 表格处理数据时，如果在单元格中输入字符后，需要取消刚输入的内容并还原到原来的值，应在编辑栏点击（　　　）图标。

    A. √　　　　　　　B. ×　　　　　　　C. %　　　　　　　D. =

23. 在 WPS 表格中，空心十字形光标指针和实心十字形光标指针可以进行的操作分别是（　　　）。

    A. 前者拖动时选择单元格，后者拖动时复制或智能填充单元格内容

    B. 前者拖动时复制或智能填充单元格内容，后者拖动时选择单元格

    C. 作用相同，都可以选择单元格

    D. 作用相同，都可以填充单元格内容

24. 在 WPS 表格操作中，若要对工作表重新命名，下列方法中不能实现的是（　　　）。

    A. 在工作表标签上点击鼠标右键，在弹出的快捷菜单中选择"重命名"命令

    B. 双击工作表标签

    C. 点击工作表标签，并按 F2 键

    D. 使用"开始"选项，选择"工作表"下拉菜单中的"重命名"命令

25. WPS 表格中窗口最下面的一行称为状态栏，当用户输入数据时，状态栏显示（　　　）。

    A. 输入状态　　B. 指针　　　　　　C. 编辑状态　　　　D. 拼写检查

26. 在 WPS 表格中，按"Ctrl + End"快捷键，光标将移到（　　　）。

    A. 行首　　　　　　　　　　　B. 工作表头

    C. 工作簿头　　　　　　　　　D. 当前行右侧第一个有数据单元格或行尾

27. 在 WPS 表格中执行删除时，不能选择（　　　）。

    A. 右侧单元格左移　　　　　　B. 左侧单元格右移

    C. 下方单元格上移　　　　　　D. 删除整行

28. 在 WPS 表格中将单元格变为活动单元格的操作是（　　　）。

    A. 用光标点击该单元格

    B. 将光标指针指向该单元格

    C. 在当前单元格内输入该目标单元格地址

    D. 没必要，因为每一个单元格都是活动的

29. 下列关于 WPS 表格中"删除"和"清除"命令的说法，正确的是（　　　）。

    A. 使用"删除"命令，会同时删除单元格所在的行和列

    B. 使用"清除"命令，可以清除单元格数据的全部格式、内容、批注

    D. 使用"删除"命令，只删除单元格中的数据

    C. 使用"清除"命令，会将该单元格从表格中移除

30. 在 WPS 表格中同时选择多个不相邻的工作表，可以在按住（　　　）键的同时依次点击各个工作表的标签。

    A. Ctrl　　　　　　B. Alt　　　　　　C. Shift　　　　　　D. Tab

31. 在 WPS 表格中，表达式可以包含（　　　）项目。

    A. 数值　　　　　　　　　　　　B. 运算符号

    C. 单元格引用位置　　　　　　　D. 以上都是

32. 在 WPS 表格中默认情况下，当按"Enter"键结束对一个单元格的数据输入后，当前活动单元格位于原单元格的（　　　）。

    A. 上面　　　　　　B. 下面　　　　　　C. 左面　　　　　　D. 右面

33. 在 WPS 表格默认情况下，按键盘（　　　）键使当前活动单元往右移。

    A. Enter　　　　　　B. Shift　　　　　　C. Tab　　　　　　D. Alt

34. 在 WPS 表格中，若为了加快输入速度，在相邻单元格中输入"二月"到"十月"的连续字符时，可使用（　　　）功能。

    A. 复制单元格　　B. 移动　　　　　　C. 自动计算　　　　D. 自动填充

35. 下列不是表达式的算术运算符的是（　　　）。

    A. %　　　　　　　B. /　　　　　　　C. <>　　　　　　D. *

36. 在 WPS 表格中，若要在 A1 单元格中输入字符串 010023，则应输入（　　　）。

    A. '010023'　　　　B. "010023'　　　　C. '010023　　　　D. #010023

37. 在 WPS 表格默认情况下，如果在 C2 单元格中输入了(100)，则 C2 单元格内显示内容是（　　　）。

    A. 100　　　　　　B. (100)　　　　　　C. –100　　　　　　D. 1/100

38. 在单元格 A2 中输入（　　　），其显示为"0.4"。

    A. 2/5　　　　　　B. =2/5　　　　　　C. ="2/5"　　　　　D. "2/5"

39. 在 WPS 表格中，使用"自动填充"功能，可以（　　　）。

A. 对若干个连续单元格自动求和

B. 对若干个连续单元格制作图表

C. 对若干个连续单元格进行计数统计

D. 对若干个连续单元格快速输入有规律的数据

40. 若在 WPS 表格某工作表的 A1、A2 单元格中分别输入 3.5 和 5，并将这两个单元格选定，然后向下拖动填充句柄经过 A3 和 A4 单元格后松开，在 A3 和 A4 单元格中分别填入的数据是（　　　　）。

　　A. 3.5 和 5　　　　B. 4 和 4.5　　　　C. 5 和 5.5　　　　D. 6.5 和 8

41. 若在 WPS 表格工作表的 A1 和 B1 单元格中分别输入"五月"和"六月"，并将这两个单元格选定，然后向右拖动填充句柄经过 C1 和 D1 单元格后松开，在 C1 和 D1 单元格中分别填入的数据是（　　　　）。

　　A. 五月、五月　　B. 七月、八月　　C. 六月、六月　　D. 五月、六月

42. 若在 WPS 表格某工作表的 A1 单元格中输入"计算机 01 班"，选择 A1 单元格并向下拖动填充句柄经过 A2 和 A3 单元格后松开，则在 A2、A3 单元格中分别填入的数据是（　　　　）。

　　A. 计算机 01 班，计算机 01 班　　　　B. 计算机 02 班，计算机 02 班

　　C. 计算机 02 班，计算机 03 班　　　　D. 无法正常显示

43. 若要在 WPS 表格某工作表的 A1 单元格中输入分数"3/4"，下列操作正确的是（　　　　）。

　　A. 04/3　　　　B. 3/4　　　　C. 03/4　　　　D. 4/3

44. 在 WPS 表格中，日期和时间属于（　　　　）。

　　A. 数值类型　　B. 文字类型　　C. 逻辑类型　　D. 错误值

45. 在 WPS 表格中，如果需要在单元格中将 800 显示为¥800.00，应将单元格的数据格式设置为（　　　　）。

　　A. 常规　　　　B. 数值　　　　C. 货币　　　　D. 特殊

46. 在 WPS 工作表中，下列关于日期型数据的叙述，错误的是（　　　　）。

　　A. 日期格式是数值型数据的一种显示格式

　　B. 无论一个数值以何种日期格式显示，值都不变

　　C. 日期序数 5432 表示从 1900 年 1 月 1 日至该日期的天数

　　D. 日期值不能自动填充

47. 若要在 WPS 表格的工作表中插入某一行，比如选择行号为 2 的行，然后（　　　　）。

　　A. 点击鼠标左键，在弹出的快捷菜单中选择"插入行数：1"命令，将在第 2 行之上插入一行

B. 点击鼠标左键，在弹出的快捷菜单中选择"插入行数：1"命令，将在第 2 行之下插入一行

C. 点击鼠标右键，在弹出的快捷菜单中选择"插入行数：1"命令，将在第 2 行之上插入一行

D. 点击鼠标右键，在弹出的快捷菜单中选择"插入行数：1"命令，将在第 2 行之下插入一行

48. 在 WPS 表格的单元格中输入日期，下列日期格式中正确的是（　　　）。

A. 2015 年 4 月 18 日　　　　　　　　B. 2015-4-18

C. 2015/4/18　　　　　　　　　　　　D. 以上方式都对

49. 在 WPS 表格中，假如 A1 单元格的数值是–111，使用内在的"数值"格式设定该单元格之后，–111 也可以显示为（　　　）。

A. 111　　　　　B. {111}　　　　　C. (111)　　　　　D. [111]

50. 在 WPS 表格的"单元格格式"对话框中，不存在的选项卡为（　　　）。

A. 数字　　　　　B. 段落　　　　　C. 字体　　　　　D. 对齐

51. 在 WPS 工作表中，设置单元格的自动换行操作，应在"单元格格式"对话框的（　　　）选项卡里进行。

A. 数字　　　　　B. 对齐　　　　　C. 字体　　　　　D. 编辑

52. 在 WPS 表格中，对工作表的选择区域不能够进行的设置是（　　　）。

A. 行高尺寸　　　B. 列宽尺寸　　　C. 条件格式　　　D. 保存

53. 在 WPS 工作表中，能够进行条件格式设置的区域（　　　）。

A. 只能是一个单元格　　　　　　　　B. 只能是一行

C. 只能是一列　　　　　　　　　　　D. 可以是选定的区域

54. 在 WPS 表格中，能够很好地通过矩形块反映每个对象中不同属性值大小的图表类型是（　　　）。

A. 柱形图　　　　B. 折线图　　　　C. 饼图　　　　　D. XY 散点图

55. 在 WPS 表格中，移动图表的方法是（　　　）。

A. 将鼠标指针放在图表边线上，按下鼠标左键拖动

B. 将鼠标指针放在图表控点上，按下鼠标左键拖动

C. 将鼠标指针放在图表内，按下鼠标左键拖动

D. 将鼠标指针放在图表内，按下鼠标右键拖动

56. 在 WPS 表格中的统计图表是（　　　）。

A. 操作员根据表格数据手工绘制的图表

B. 对电子表格的一种格式美化修饰

  C. 操作员选择图表类型后，系统根据电子表格数据自动生成的，并与表格数据动态对应

  D. 系统根据电子表格数据自动生成的，生成后的为固定图像，以方便使用

57. WPS 表格中创建图表的方式可使用（   ）。

  A. 模板   B. 插入图表   C. 插入对象   D. 图文框

58. 在 WPS 表格中，关于图表的说法，错误的是（   ）。

  A. 图表既可以改变大小，也可以改变位置

  B. 图表建立之后，也可以进行删除操作

  C. 图表可以添加标题，也可以不显示标题

  D. 图表建立之后，当数据源发生变化时，图表不会发生改变

59. 在 WPS 表格中，下列单元格地址引用属于混合引用的是（   ）。

  A. C66   B. $C66   C. C66$ D. $C$66

60. 在以下各选项中，不属于函数类别的是（   ）。

  A. 统计   B. 财务   C. 数据库   D. 类型转换

61. 下列运算符在同一公式中时，运算优先级最高的是（   ）。

  A. 算术运算   B. 字符运算   C. 引用运算   D. 比较运算

62. 在 WPS 表格中如果要修改计算的顺序，需把公式中首先计算的部分括在（   ）内。

  A. 圆括号   B. 双引号   C. 单引号   D. 中括号

63. 在 WPS 表格中，函数的参数不可以是（   ）。

  A. 文本   B. 引用   C. 数值   D. 图表

64. 在 WPS 表格中，假设 A1 单元格显示"你好"，B1 单元格显示"你好"，在 C1 单元格中输入公式"=A1=B1"之后，C1 单元格显示的是（   ）。

  A. FALSE   B. TRUE   C. 你好你好   D. ERROR

65. 在 WPS 表格中，有工作表的单元格表示为：[学生成绩]Sheet1!A2。其含义是（   ）。

  A. 学生成绩为工作表名，Sheet1 为工作簿名，A2 为单元格地址

  B. 学生成绩为单元格地址，Sheet1 为工作表名，A2 为工作簿名

  C. 学生成绩为工作簿名，Sheet1 为工作表名，A2 为单元格地址

  D. 以上都不对

66. 在 WPS 表格中，在单元格的行号和列号前面加符号"$"代表绝对引用。绝对引用工作表 Sheet2 中从 A2 到 C5 区域的公式为（   ）。

  A. Sheet2!A2:C5   B. Sheet2!$A2:$C5

  C. Sheet2!$A$2:$C$5   D. Sheet2!A2:C5

67. 在 WPS 表格同一工作簿中，对工作表 Sheet1 中的单元格 D2，工作表 Sheet2 中的单元格 D2，工作表 Sheet3 中的单元格 D2 进行求和，并将结果放在工作表 Sheet4 中的单元格 D2 中，则正确的输入格式是（　　）。

    A. =D2 + D2 + D2

    B. =Sheet1D2 + Sheet2D2 + Sheet3D2

    C. =Sheet1!D2 + Sheet2!D2 + Sheet3!D2

    D. 以上都不对

68. 在 WPS 表格中，若把单元格 F2 中的公式"=SUM($B$2:$E$2)"复制并粘贴到 G3 单元格中，则 G3 单元格中的公式为（　　）。

    A. =SUM($B2:$E2)　　　　　　　　B. =SUM($B$2:$E$2)

    C. =SUM($B$3:$E$3)　　　　　　　D. =SUM(B$3:E$3)

69. 在 WPS 表格中，假定单元格 B2 的内容为身份证号 340101200405081417，则公式"=MID(B2,7,4)"的值为（　　）。

    A. 2004　　　　B. 0508　　　　C. 3401　　　　D. 1417

70. 如果 WPS 表格某工作表存放的是数值数据，则在 B1 单元格中求区域 B2:B90 和 E2:E90 中最小值的计算公式是（　　）。

    A. =MIN(B2:B90,E2:E90)　　　　　B. =MIN(B2:E90)

    C. =MIN(B90:E2)　　　　　　　　D. =MIN(B2,B90,E2,E90)

71. 在 WPS 表格中，假定 C2 单元格的数值为 75，则公式"=IF(C2>=85,"优秀",IF(C2>=60,"良好","不合格"))"的值为（　　）。

    A. 优秀　　　　B. 良好　　　　C. 不合格　　　　D. 以上都不对

72. 在 WPS 表格中，假定单元格 C2 和 C3 的值分别为 5 和 10，则公式"=OR(C2>=5,C3>8)"的值为（　　）。

    A. TRUE　　　　B. FALSE　　　　C. T　　　　D. F

73. 在 WPS 表格中，假定 A1 单元格显示文本为"美好"，B1 显示文本为"中国"，在 C1 单元格内输入公式"=A1&B1"，则 C1 单元格显示的文本为（　　）。

    A. A1&B1　　　　B. 美好&中国　　　　C. 美好中国　　　　D. 中国美好

74. 在 WPS 表格中，输入公式"="DATE"&":TIME""产生的结果是（　　）。

    A. DATETIME

    B. 系统当天的日期 + 时间（如 202004068:00）

    C. 逻辑值"TRUE"

    D. 逻辑值"FLASE"

75. 在 WPS 表格中，下列公式表达有误的是（　　）。

    A. =C1*D1　　　　B. =C1/D1　　　　C. =C1"AND"D1　　　　D. =AND(C1,D1)

76. WPS 表格中，在工作表的 D5 单元格中输入公式"=B5*C5"，在第 2 行处插入一行，插入后 D6 单元格中的公式为（　　　）。

    A. =B5*C5   B. =B6*C5   C. =B5*C6   D. =B6*C6

77. WPS 表格中，在工作表的 D5 单元格中输入公式为 "=SUM(D1:D4)"，删除第 2 行后，D4 单元格的公式将调整为（　　　）。

    A. #VALUE!   B. =SUM(D1:D4)   C. =SUM(D2:D4)   D. =SUM(D1:D3)

78. 在 WPS 表格中，假定某工作表的 B3:B7 单元格区域内保存的数值依次为 10、15、20、25 和 30，则公式 "=AVERAGE(B3:B7)" 的值为（　　　）。

    A. 15   B. 20   C. 25   D. 30

79. 在 WPS 表格中，假设 C4 单元格中显示数据为 20210001，若想提取数据 20210001 前四位数字 2021，则可使用（　　　）函数。

    A. RIGHT   B. COUNT   C. LEFT   D. IF

80. 在 WPS 表格中，假设存在 "学生成绩表"，若要统计数学成绩在 90 分以上的人数则可用（　　　）函数。

    A. SUM   B. COUNTIF   C. SUMIF   D. IF

81. 在 WPS 表格中，如果单元格 A2、A3、A4、A5 的内容分别为 2、3、4、=A2*A3–A4，则 A2、A3、A4、A5 单元格的实际显示内容分别是（　　　）。

    A. 2,3,4,2   B. 2,3,4,3   C. 2,3,4,4   D. 2,3,4,5

82. 在 WPS 表格中，假设单元格 C2 的值为 5，则公式 "=IF(C2,C2 + 2,C2 + 3)" 的结果为（　　　）。

    A. 0   B. 7   C. 8   D. 5

83. 在 WPS 表格中，假定 A2、B2、C2、D2 单元格的数值分别为 0、1、2、3，则公式 "=IF(MIN(A2,B2),MAX(A2,B2),MAX(C2,D2))" 的值为（　　　）。

    A. 0   B. 1   C. 2   D. 3

84. 在 WPS 表格中，已知 A1、A2、A3、A4 四个单元格中的数据分别为 "王华""周晓明""张明亮" 和 "陈丽娟"，在默认情况下，按升序排序的结果为（　　　）。

    A. 周晓明、张明亮、王华、陈丽娟

    B. 陈丽娟、王华、周晓明、张明亮

    C. 陈丽娟、王华、张明亮、周晓明

    D. 陈丽娟、张明亮、周晓明、王华

85. 在 WPS 表格中，按逻辑值的降序排序，（　　　）。

    A. FALSE 在 TRUE 之前   B. TRUE 在 FALSE 之前

    C. TRUE 和 FALSE 等值   D. TRUE 和 FALSE 保持原始次序

86. 在 WPS 表格中，对数据清单中的数据进行降序排序时，下列叙述正确的是（　　　）。

    A. 数值中正数排在 0 的前面

  B. 空格排在最前面

  C. 对于文本中的字符，数字字符"9"排在字母字符"A"的前面

  D. 逻辑值中的 TRUE 排在 FALSE 的后面

87. 在 WPS 表格中，关于区域名字的叙述不正确的是（ ）。

  A. 同一个区域可以有多个名字

  B. 一个区域名只能对应一个区域

  C. 区域名可以与工作表中某一单元格地址相同

  D. 区域的名字既能在公式中引用，也能作为函数的参数

88. 在 WPS 表格中，若要将学生成绩表中所有不及格的成绩标出来（比如用红色加粗显示），应使用（ ）命令。

  A. 查找   B. 排序   C. 筛选   D. 条件格式

89. 在 WPS 表格中，若要将工作表中某列上大于某个值的记录挑选出来，应使用（ ）。

  A. 排序   B. 筛选   C. 分类汇总   D. 合并计算

90. 在 WPS 表格中，下列关于排序操作的叙述错误的是（ ）。

  A. 排序可以对数值型字段进行排序，也可对字符型字段进行排序

  B. 排序可以选择字段值升序或降序进行

  C. 用于排序的字段称为"关键字"，有且只能有一个关键字字段

  D. 对于姓名，可以按拼音排序，也可按笔画进行排序

91. 在 WPS 表格降序排序中，排序列有空白单元格的行会被（ ）。

  A. 放置在排序最后   B. 放置在排序最前面

  C. 不被排序   D. 保持原始次序

92. 在 WPS 表格中，下面关于分类汇总的叙述正确的是（ ）。

  A. 分类汇总前数据不需要按关键字字段排序

  B. 分类汇总的汇总字段有且只有一个字段

  C. 汇总方式只能是求和

  D. 分类汇总可以删除，但删除汇总后排序操作不能撤销

93. 在 WPS 表格中，假设有一个职工工资表，要对职工工资按职称属性进行分类汇总，则在分类汇总前必须进行数据排序，所选择的关键字为（ ）。

  A. 性别   B. 职工号   C. 工资   D. 职称

94. 在 WPS 表格中进行分类汇总，"选定汇总项"（ ）。

  A. 只能是一个 B. 只能是两个 C. 只能是三个 D. 可以是多个

95. WPS 表格中有一学生成绩表，含有序号、姓名、班级、语文、数学、英语等

列。若需统计各个班级的"语文"平均分、"数学"平均分及"英语"平均分，
应对数据进行分类汇总，分类汇总前要对数据排序，排序的主要关键字应是
（　　　）。

　　A. 姓名　　　　　B. 班级　　　　　C. 语文　　　　　D. 数学

96. 在 WPS 表格中，关于"自动筛选"操作的描述，正确的是（　　　）。

　　A. 数据经过自动筛选过后，不满足条件的数据被直接删除

　　B. 数据经过自动筛选过后，不满足条件的数据只是被隐藏，并未被删除

　　C. 自动筛选不能对数据进行排序

　　D. 自动筛选可以排序，但只能进行升序排序

97. 在 WPS 表格中，关于拆分窗口的描述，正确的选项是（　　　）。

　　A. 只能进行水平拆分

　　B. 只能进行垂直拆分

　　C. 可以进行水平拆分和垂直拆分，但不能进行水平、垂直同时拆分

　　D. 可以进行水平拆分和垂直拆分，还可进行水平、垂直同时拆分

98. 在 WPS 表格的主窗口中，不显示"网格线"，可以通过（　　　）选项卡来实现。

　　A. "开始"　　　B. "页面布局"　C. "视图"　　　　D. "文件"

99. 在 WPS 表格中，需要执行"查看宏"操作，需要通过（　　　）选项卡来实现。

　　A. 文件　　　　　B. 开始　　　　　C. 数据　　　　　D. 视图

100. 在 WPS 表格的主窗口中，可以通过状态栏来切换的视图是（　　　）。

　　A. 普通视图　　B. 全屏显示　　　C. 分页预览　　　D. 以上都是

101. 在 WPS 表格中，可以对当前工作表进行"隐藏"，下列关于隐藏当前工作表
的说法，正确的是（　　　）。

　　A. 被隐藏的工作表也可以"取消隐藏"

　　B. 被隐藏的工作表被关闭

　　C. 被隐藏的工作表被删除

　　D. 被隐藏的工作表将无法再被编辑

102. 在 WPS 表格中，通过"视图"选项卡不能完成（　　　）操作。

　　A. 切换工作簿视图　　　　　　　B. 打印预览

　　C. 冻结窗格　　　　　　　　　　D. 调整显示比例

103. 在 WPS 表格中关于"冻结窗格"的操作，不能完成的是（　　　）。

　　A. 冻结首行　　　　　　　　　　B. 冻结首列

　　C. 冻结至指定行和列　　　　　　D. 冻结当前工作表

104. 在 WPS 表格中，下列选项的错误值及出错原因中，错误的是（　　　）。

　　A. ####（显示错误）　　　　　B. #VALUE!（值错误）

C. #N/A（值不可用错误）　　　　　D. #REF!（无效名称错误）

105. 下列关于 WPS 表格中"选择性粘贴"的叙述，错误的是（　　　）。

A. 选择性粘贴可以只粘贴格式

B. 选择性粘贴只能粘贴数值型数据

C. 选择性粘贴可以将源数据的排序旋转 90°，即"转置"粘贴

D. 选择性粘贴可以只粘贴公式

106. 有关 WPS 表格中分页符的说法，正确的是（　　　）。

A. 只能在工作表中加入水平分页符

B. 会按照纸张的大小、页边距的设置和打印比例的设定自动插入分页符

C. 插入的水平分页符不能被删除

D. 插入的水平分页符可以被打印出来

107. 在 WPS 表格中，若希望同时显示工作簿中的多个工作表，可以（　　　）。

A. 在"视图"选项卡中先点击"新建窗口"按钮，再使用"重排窗口"或"并排比较"

B. 在"视窗"选项卡中点击"拆分窗口"按钮

C. 在"视窗"选项卡中直接点击"重排窗口"按钮

D. 不能实现此功能

108. 在 WPS 表格中，为工作簿设置打开密码的操作，错误的是（　　　）。

A. 选择"文件"选项卡，点击"另存为"选项，弹出"另存文件"对话框，点击"加密"按钮，在"密码加密"对话框中设置"打开文件密码"，设置好文件名和文件类型，点击"保存"按钮

B. 选择"文件"选项卡，点击"文档加密"下的"密码加密"菜单项，在"密码加密"对话框中设置"打开文件密码"

C. 选择"文件"选项卡，点击"选项"命令，在"选项"对话框中点击"安全性"，在"密码保护"区域设置"打开文件密码"

D. 在"审阅"选项卡中点击"保护工作簿"命令

109. 在 WPS 表格中，关于打印输出的说法，正确的是（　　　）。

A. 打印输出时不能设置页眉和页脚

B. 可以将数据表打印输出为 PDF 文件

C. 调整编辑状态下的缩放比例，将影响实际打印的大小

D. 调整"打印预览"状态下的"缩放比例"，并不影响实际打印的大小

110. 在 WPS 表格中，如果在工作簿中既有工作表又有图表，当执行"保存"命令时将（　　　）。

A. 只保存其中的工作表

B. 只保存其中的图表

C. 把工作表和图表保存在一个文件中

D. 把工作表和图表分别保存在两个文件中

2. 操作题

请用 WPS 文字对素材文件夹 3-1 下的文档 Book1. docx 进行编辑、排版和保存，按下列要求完成操作，并同名保存结果。

（1）将 A1 单元格中的文字"近十年国家财政各项税收情况统计"在 A1:K1 区域内合并居中，为合并后的单元格填充"紫色"，并将其中字体设置为黑体、黄色、20（磅）。将数据列表按年度由低到高（2002 年、2003 年、2004 年⋯⋯）排序，注意平均值和合计值不能参加排序。

（2）为排序后的数据区域 A4:K18 应用表格样式"表样式中等深浅 6"。将数据区域 B5:J18 的数字格式设为数值、保留两位小数、使用千位分隔符；将增长率所在区域 K5:K14 的数字格式设为百分比、保留两位小数。

（3）分别运用公式和函数进行下列计算：

① 计算每年各项税收总额的合计值，结果填入 I5:I14 区域的相应单元格中。

② 计算各个税种的历年平均值和合计值，结果填入 B17:I18 区域的相应单元格中。

③ 运用公式"比上年增长值＝本年度税收总额－上一年度税收总额"，分别计算 2003—2011 年的税收总额逐年增长值，填入 J 列相应单元格中。

④ 运用公式"比上年增长率＝比上年增长值÷上一年度税收总额"，分别计算 2003—2011 年的税收总额逐年增长率，填入 K 列相应单元格中。

（4）基于数据区域 A4:H14 创建一个"堆积柱形图"，以年度为分类 X 轴，图表标题为"近十年各项税收比较"，移动并适当调整图表大小将其放置在 A20:K48 区域内。

实训 4　WPS Office 演示文稿

1. 单选题

1. WPS 演示主窗口表述正确的是（　　　）。

　　A. 选项卡和菜单相同　　　　　　　B. 功能区不可以隐藏

　　C. 可以显示任务窗格　　　　　　　D. 快速访问工具栏中的按钮是固定不变的

2. 下列选项中，不属于 WPS 演示窗口部分的是（　　　）。

　　A. 幻灯片区域　　B. 大纲区域　　　C. 备注区域　　　　D. 播放区域

3. 在 WPS 演示中，演示文稿由（　　　）组合而成。

　　A. 文本框　　　　B. 图形　　　　　C. 幻灯片　　　　　D. 版式

4. 在 WPS 演示中，在浏览模式下，选择单张幻灯片用（　　）鼠标的方式。

    A. 点击　　　　　　B. 双击　　　　　　C. 拖放　　　　　　D. 右击

5. 在 WPS 演示中，在浏览模式下，选择不连续的多张幻灯片需要按住（　　）键。

    A. Shift　　　　　　B. Ctrl　　　　　　C. T　　　　　　D. Alt

6. 在 WPS 演示中，下列图标一般不属于快速访问工具栏的是（　　）。

    A. 打开　　　　　　B. 保存　　　　　　C. 撤销　　　　　　D. 插入

7. 在 WPS 演示中，以下说法正确的是（　　）。

    A. 可以将演示文稿中选定的信息链接到其他演示文稿幻灯片中的任何对象

    B. 可以对幻灯片中的对象设置播放动画的时间顺序

    C. WPS 演示文稿默认的扩展名为.pot

    D. 在一个演示文稿中能同时使用不同的模板

8. 在 WPS 演示中，要将制作好的 PPT 打包，应在（　　）选项卡中操作。

    A. 开始　　　　　　B. 插入　　　　　　C. 文件　　　　　　D. 设计

9. 在 WPS 演示中已经打开了 A. pptx 演示文稿，又进行了"新建"操作，则（　　）。

    A. A. pptx 被关闭　　　　　　　　　　B. A. pptx 和新建文稿均处于打开状态

    C. "新建"操作失败　　　　　　　　　D. A. pptx 被保存后关闭

10. 当在 WPS 演示中，保存演示文稿时，出现"另存文件"对话框时，则说明（　　）。

    A. 该文件保存时不能用该文件原来的文件名

    B. 该文件不能保存

    C. 该文件未保存过

    D. 需要对该文件保存备份

11. 在 WPS 演示中，在"文件"→"最近使用文件"所显示的文件名是（　　）。

    A. 正在使用的文件名　　　　　　　　B. 正在打印的文件名

    C. 扩展名为 PPT 的文件名　　　　　　D. 最近被 WPS 演示处理过的文件名

12. 若将 WPS 演示文稿保存成只能播放不能编辑的演示文稿，操作方法是（　　）。

    A. 将"另存文件"对话框中的"保存类型"选择为"演示文稿"

    B. 将"另存文件"对话框中的"保存类型"选择为"网页"

    C. 将"另存文件"对话框中的"保存类型"选择为"演示文稿设计模板"

    D. 将"另存文件"对话框中的"保存类型"选择为"PowerPoint 放映"

13. 在 WPS 演示中使用（　　）来编写宏。

    A. Java　　　　　　B. Visual Basic　　　　　　C. JavaScript　　　　　　D. C + +

14. WPS 演示中文字排版没有的对齐方式是（　　）。

    A. 居中对齐　　　　B. 分散对齐　　　　C. 右对齐　　　　D. 向上对齐

15. 在 WPS 演示中，不可以在"字体"对话框中进行的设置是（　　　）。

    A. 文字颜色　　　B. 文字对齐方式　C. 文字字体　　　D. 文字大小

16. 在 WPS 演示中不属于文本占位符的是（　　　）。

    A. 标题　　　　　B. 副标题　　　　C. 图表　　　　　D. 普通文本框

17. 在 WPS 演示中，选择全部演示文稿时，可用（　　　）快捷键。

    A. Ctrl + A　　　B. Ctrl + S　　　C. F3　　　　　　D. F4

18. 在 WPS 演示中，在当前演示文稿中插入一张新幻灯片的操作错误的是（　　　）。

    A. "文件"→"新建幻灯片"　　　　B. "开始"→"新建幻灯片"

    C. "插入"→"新建幻灯片"　　　　D. 选中幻灯片→按 Enter 键

19. 在 WPS 演示中，在新增一张幻灯片操作中，可能的默认幻灯片版式是（　　　）。

    A. 标题和表格　B. 标题和图表　C. 标题和文本　D. 空白版式

20. 在 WPS 演示中，如果对一张幻灯片使用系统提供的版式，对其中各个对象的占位符（　　　）。

    A. 能用具体内容去替换，不可删除

    B. 不能移动位置，也不能改变格式

    C. 可以删除不用，也可以在幻灯片中插入新的对象

    D. 可以删除不用，但不能在幻灯片中插入新的对象

21. WPS 演示中占位符的作用是（　　　）。

    A. 为文本图形等预留位置　　　　B. 限制插入对象的数量

    C. 表示图形的大小　　　　　　　D. 显示文本的长度

22. 在 WPS 演示中，演示文稿中每张幻灯片都是基于某种（　　　）创建的，它预定义了新建幻灯片的各种占位符布局情况。

    A. 视图　　　　　B. 版式　　　　　C. 母版　　　　　D. 模板

23. 若要对当前幻灯片更换一种 WPS 演示幻灯片的版式，下列操作错误的是（　　　）。

    A. 右击缩略图窗格中的幻灯片后在弹出的快捷菜单中选择"版式"

    B. "开始"→"版式"

    C. "设计"→"版式"

    D. "视图"→"幻灯片"→"版式"

24. 在 WPS 演示中，安排幻灯片对象的布局可选择（　　　）来设置。

    A. 配色方案　　　B. 应用设计模板　　　C. 背景　　　D. 幻灯片版式

25. 在 WPS 演示中，将某张幻灯片版式更改为"竖标题和文本"，错误的操作是（　　　）。

A. "文件" → "格式" → "幻灯片版式"

B. "开始" → "版式"

C. "设计" → "版式"

D. 选择 "视图" → "幻灯片" → "版式"

26. 将 WPS 演示幻灯片中的所有汉字 "电脑" 都更换为 "计算机" 应使用的操作是（　　）。

A. 选择 "文件" → "替换"　　　　　B. 选择 "开始" → "替换"

C. 选择 "编辑" → "替换"　　　　　D. 选择 "设计" → "编辑" → "替换"

27. 在 WPS 演示中，当把一张幻灯片中的某文本行降级时，（　　）。

A. 降低了该行的重要性　　　　　B. 使该行缩进一个大纲层

C. 使该行缩进一个幻灯片层　　　D. 增加了该行的重要性

28. 在 WPS 演示中，不可以插入（　　）。

A. 超链接　　　B. 附件　　　C. 表格　　　D. 切换和动画

29. 在 WPS 演示中，对于幻灯片中插入的声音文件，可以选择的播放设置是（　　）。

A. 只能设定为自动播放　　　　　B. 只能设定为手动播放

C. 可以自动也可以手动播放　　　D. 取决于放映者的放映操作流程

30. 在 WPS 演示中，对插入的图片、自选图形等进行格式化时，先选中该图片对象，再选取 "（　　）" 选项卡中对应的命令完成。

A. 视图　　　B. 插入　　　C. 图片工具　　　D. 窗口

31. 在 WPS 演示中，在绘制矩形图形时按住（　　）键，所绘制图形为正方形。

A. Shift　　　B. Ctrl　　　C. Delete　　　D. Alt

32. 在 WPS 演示中，将一个幻灯片上多个已选中自选图形组合成一个复合图形，可以使用 "（　　）" 选项卡。

A. 开始　　　B. 插入　　　C. 动画　　　D. 图片工具

33. 在 WPS 演示中，当绘制图形时，如果画一条水平、垂直或者 45° 倾角的直线，在拖动鼠标时，需要按住（　　）键。

A. Ctrl　　　B. T　　　C. Shift　　　D. F4

34. 在 WPS 演示中，当选定图形对象时，如果选择多个图形，需要按住（　　）键，再用鼠标点击要选择的图形。

A. Alt　　　B. Ctrl　　　C. T　　　D. F1

35. 在 WPS 演示中，当改变图形对象的大小时，如果要保持图形的比例，拖动控制句柄的同时要按住（　　）键。

A. Ctrl　　　B. Ctrl + Shift　　　C. Shift　　　D. T

36. 在 WPS 演示中，当改变图形对象的大小时，如果要以图形对象的中心为基点进行缩放，要按住（　　　）键。

    A. Ctrl　　　　　　B. Shift　　　　　　C. Ctrl + E　　　　　D. Ctrl + Shift

37. 在 WPS 演示中，当需要为演示文稿的幻灯片添加页眉和页脚时，可使用（　　　）选项卡下的"页眉和页脚"命令。

    A. 视图　　　　　　B. 开始　　　　　　C. 插入　　　　　　D. 格式

38. 在 WPS 演示中，在幻灯片中插入声音后，幻灯片中将出现（　　　）。

    A. 喇叭标志　　　B. 一段文字说明　　C. 链接说明　　　　D. 链接按钮

39. 在 WPS 演示中，在放映幻灯片时，如果需要从第 2 张幻灯片切换至第 5 张幻灯片，应（　　　）。

    A. 在制作时建立第 2 张幻灯片转至第 5 张幻灯片的超链接

    B. 停止放映，双击第 5 张幻灯片后再放映

    C. 放映时双击第 5 张幻灯片后再放映

    D. 右击幻灯片，在弹出的快捷菜单中选择第 5 张幻灯片

40. 在 WPS 演示中，一名同学要在当前幻灯片中输入"你好"字样，操作的第一步是（　　　）。

    A. 选择"开始"→"幻灯片"→"新建幻灯片"

    B. 选择"开始"→"文本"→"文本框"

    C. 选择"插入"→"文本框"

    D. 选择"设计"→"文本"→"文本框"

41. 在 WPS 演示中，制作一份名为"我的爱好"的演示文稿，要插入一张名为"j1. jpg"的照片，操作是（　　　）。

    A. 选择"编辑"→"图像"→"图片"

    B. 选择"插入"→"图片"

    C. 选择"插入"→"文本"→"图片"

    D. 选择"设计"→"图像"→"图片"

42. WPS 演示中有多种插入图片的方式，下面不属于其中的插入图片方式是（　　　）。

    A. 本地图片　　　B. 分页插图　　　　C. 剪贴图　　　　　D. 手机传图

43. 在 WPS 演示中，要为所有幻灯片添加编号，下列方法中正确的是（　　　）。

    A. 选择"编辑"→"文本"→"幻灯片编号"

    B. 选择"插入"→"符号"→"图片"

    C. 选择"插入"→"幻灯片编号"

　　　　　D. 选择"设计"→"文本"→"幻灯片编号"

44. 在 WPS 演示中插入的页脚，下列说法中正确的是（　　　）。

　　　　　A. 不能进行格式设置　　　　　　　B. 每一页幻灯片上都必须显示

　　　　　C. 其中的内容不能是日期　　　　　D. 插入的日期和时间可以更新

45. 在 WPS 演示中，下列关于幻灯片版式说法正确的是（　　　）。

　　　　　A. 在"标题和文本"版式中不可以插入图片

　　　　　B. 图片只能插入空白版式中

　　　　　C. 任何版式中都可以插入图片

　　　　　D. 图片只能插入"图片与标题"版式中

46. WPS 演示的"设计"选项卡不包含（　　　）。

　　　　　A. 幻灯片版式　　　　　　　　　　B. 幻灯片背景颜色

　　　　　C. 幻灯片配色方案　　　　　　　　D. 幻灯片母版

47. 在 WPS 演示中，为幻灯片重新设置背景，若要让所有幻灯片使用相同背景，则应在"对象属性"任务窗格中点击"（　　　）"按钮。

　　　　　A. 全部应用　　　B. 应用　　　　　C. 取消　　　　　　D. 预览

48. 在 WPS 演示中，关于"设计方案"说法错误的是（　　　）。

　　　　　A. 可以选择在线设计方案

　　　　　B. 可以选择本地设计方案

　　　　　C. 所选择方案必须应用于全部幻灯片

　　　　　D. 可以应用在线方案中的部分幻灯片

49. 在 WPS 演示中，在设置背景的"对象属性"任务窗格中不可以设置（　　　）。

　　　　　A. 幻灯片的填充为"纯色填充"　　B. 幻灯片的填充为"图案填充"

　　　　　C. "隐藏背景图形"　　　　　　　D. 默认主题

50. 在 WPS 演示中，在"页面设置"对话框中不可以设置（　　　）。

　　　　　A. 幻灯片高度　　　　　　　　　　B. 幻灯片的方向

　　　　　C. 幻灯片编号起始值　　　　　　　D. 页边距

51. 在 WPS 演示中，幻灯片之间的切换效果，可以通过"（　　　）"选项卡中的命令来设置。

　　　　　A. 设计　　　　　B. 动画　　　　　C. 幻灯片放映　　　D. 切换

52. 在 WPS 演示中，要设置每张幻灯片的播放时间，需要对演示文稿进行的操作是（　　　）。

　　　　　A. 自定义动画　　　　　　　　　　B. 录制旁白

　　　　　C. 幻灯片切换设置　　　　　　　　D. 排练计时

53. 在 WPS 演示中，在幻灯片间切换中，可以设置幻灯片切换的（　　　）。

    A. 幻灯片方向　　　B. 强调效果　　　C. 退出效果　　　　　D. 换片方式

54. 在 WPS 演示中，若要使幻灯片在播放时能每隔 3 秒自动转到下一页，应选择"切换"选项卡下的（　　　）。

    A. 自定义　　　　　　　　　　　B. "计时"→"持续时间"

    C. "换片"→"换片方式"　　　　D. 自动换片

55. 在 WPS 演示中，如果要从前一张幻灯片"溶解"到当前幻灯片，应使用（　　　）选项卡来设置。

    A. 动画　　　　　B. 开始　　　　　C. 切换　　　　　D. 幻灯片放映

56. 在 WPS 演示中，当幻灯片内插入图片、表格、艺术字等难以区分层次的对象时，可用（　　　）定义各对象的显示顺序和动画效果。

    A. 动画效果　　　B. 动作按钮　　　C. 添加动画　　　D. 动画预览

57. 在 WPS 演示中，创建幻灯片的动画效果时，应选择"（　　　）"选项卡。

    A. 动画　　　　　B. 动作设置　　　C. 动作按钮　　　D. 幻灯片放映

58. 在 WPS 演示动画中，不可以设置（　　　）。

    A. 动画效果　　　　　　　　　　B. 时间和顺序

    C. 动画的循环播放　　　　　　　D. 放映类型

59. 在对 WPS 演示中进行自定义动画设置时，可以改变的是（　　　）。

    A. 幻灯片中某一对象的动画效果　　B. 幻灯片的背景

    C. 幻灯片切换的速度　　　　　　　D. 幻灯片的页眉和页脚

60. 在 WPS 演示中，要想使幻灯片内的标题、图片、文字等按用户要求顺序出现，应进行的设置是（　　　）。

    A. 幻灯片切换　　B. 自定义动画　　C. 幻灯片设计　　D. 幻灯片放映

61. 在 WPS 演示中，如果要求幻灯片能够在无人操作的环境下自动播放，应该事先对演示文稿进行（　　　）。

    A. 自动放映　　　B. 排练计时　　　C. 存盘　　　　　D. 打包

62. 在 WPS 演示中，从头开始放映幻灯片的快捷键是（　　　）。

    A. F6　　　　　　B. Shift + F6　　　C. F5　　　　　　D. Shift + F5

63. 在 WPS 演示中，如果希望在演示文稿的播放过程中终止幻灯片的演示，随时可按的终止键是（　　　）键。

    A. End　　　　　B. Esc　　　　　　C. Ctrl + E　　　　D. Ctrl + C

64. 在 WPS 演示幻灯片的放映过程中，以下说法错误的是（　　　）。

    A. 按 B 键可实现黑屏暂停　　　　B. 按 W 键可实现白屏暂停

C. 点击鼠标右键可以暂停放映　　　D. 放映过程中不能暂停

65. 在 WPS 演示中，若一个演示文稿中有三张幻灯片，播放时要跳过第二张放映，可以的操作是（　　　）。

　　A. 取消第二张幻灯片的切换效果　　B. 隐藏第二张幻灯片

　　C. 取消第一张幻灯片的动画效果　　D. 只能删除第二张幻灯片

66. WPS 演示中，要隐藏某个幻灯片，应（　　　）。

　　A. 选择"工具"→"隐藏幻灯片"命令

　　B. 选择"开始"→"隐藏幻灯片"命令

　　C. 选择"插入"→"隐藏幻灯片"命令

　　D. 选择"幻灯片放映"→"隐藏幻灯片"命令

67. 在 WPS 演示的普通视图中，使用"隐藏幻灯片"后，被隐藏的幻灯片将会（　　　）。

　　A. 从文件中删除

　　B. 在幻灯片放映时不放映，但仍然保存在文件中

　　C. 在幻灯片放映时仍然可放映，但是幻灯片上的部分内容被隐藏

　　D. 在普通视图的编辑状态中被隐藏，不能编辑内容

68. 在 WPS 演示中，幻灯片放映的扩展名是（　　　）。

　　A. .pptx　　　　B. .potx　　　　C. .ppzx　　　　D. .ppsx

69. WPS 演示提供了（　　　）种演示文稿视图。

　　A. 4　　　　B. 6　　　　C. 3　　　　D. 5

70. 在 WPS 演示中，能编辑幻灯片中图片对象的是（　　　）。

　　A. 备注页视图　　　　　　　　B. 普通视图

　　C. 幻灯片放映视图　　　　　　D. 幻灯片浏览视图

71. 在 WPS 演示各种视图中，可以同时浏览多张幻灯片，便于选择、添加、删除、移动幻灯片等操作是（　　　）。

　　A. 备注页视图　　　　　　　　B. 幻灯片浏览视图

　　C. 普通视图　　　　　　　　　D. 幻灯片放映视图

72. 在 WPS 演示的普通视图左侧的大纲窗格中，可以修改的是（　　　）。

　　A. 占位符中的文字　　　　　　B. 图表

　　C. 自选图形　　　　　　　　　D. 文本框中的文字

73. 在 WPS 演示中，调整幻灯片顺序或复制幻灯片，使用（　　　）视图最方便。

　　A. 备注　　　B. 幻灯片　　　C. 幻灯片放映　　　D. 幻灯片浏览

74. 在 WPS 演示中，（　　　）是幻灯片层次结构中的顶层幻灯片，用于存储有关

演示文稿的主题和幻灯片版式的信息，包括背景、颜色、字体、效果、占位符和位置。

    A. 母版   B. 讲义母版   C. 备注母版   D. 幻灯片母版

75. 在 WPS 演示中，若希望演示文稿作者的名字出现在所有的幻灯片中，则应将其加入（　　）。

    A. 幻灯片母版 B. 备注母版   C. 配色方案   D. 动作按钮

76. 在 WPS 演示中，要想使每张幻灯片中都出现某个对象（除标题幻灯片），须在（　　）中插入该对象。

    A. 标题母版   B. 幻灯片母版   C. 标题占位符   D. 正文占位符

77. 在 WPS 演示中，关于幻灯片母版操作，在标题区或文本区添加每个幻灯片都能够共有文本的方法是（　　）。

    A. 选择带有文本占位符的幻灯片版式

    B. 点击直接输入

    C. 使用模板

    D. 使用文本框

78. 在 WPS 演示中，可同时显示多张幻灯片、使用户纵览演示文稿概貌的视图方式是（　　）。

    A. 幻灯片视图   B. 幻灯片浏览视图

    C. 普通视图   D. 幻灯片放映视图

79. 在 WPS 演示中，供演讲者查阅以及播放演示文稿实时对各幻灯片加以说明的是（　　）。

    A. 备注页视图 B. 大纲视图   C. 幻灯片视图   D. 页面视图

80. 在 WPS 演示中，在幻灯片（　　）视图中，可以方便地移动幻灯片。

    A. 大纲   B. 普通   C. 浏览   D. 放映

81. 在 WPS 演示中，在浏览视图下，按住 Ctrl 键并拖动某张幻灯片，可以完成的操作是（　　）。

    A. 选定幻灯片 B. 复制幻灯片   C. 移动幻灯片   D. 删除幻灯片

82. 在 WPS 演示的普通视图下，以下不可以调整幻灯片显示比例的是（　　）。

    A. 通过"视图"选项卡"显示比例"功能区设置

    B. 通过"状态栏"的"显示比例"设置

    C. 按住 Ctrl 键的同时滚动鼠标的滚轮实现

    D. 通过鼠标拖曳实现

83. 在 WPS 演示"视图"选项卡中不能完成的操作是（　　）。

    A. 调整"显示比例"   B. 设置"幻灯片隐藏"

C. 切换视图方式　　　　　　　　D. 设置是否显示"网格线"

2. 操作题

请用 WPS 文字对素材文件夹 4-1 下的文档 ys.pptx 进行编辑、排版和保存，按下列要求完成操作，并同名保存结果。

（1）设置幻灯片大小为"35 毫米幻灯片"，为整个演示文稿应用一种适当的设计模板。

（2）在第一张幻灯片前插入一张版式为"标题幻灯片"的新幻灯片，主标题输入"神奇的章鱼保罗"，并设置为黑体、48 磅、蓝色（标准色）；副标题输入"8 次预测全部正确"，并设置为宋体、32 磅、红色（标准色）。

（3）将第二张幻灯片的版式调整为"图片与标题"，标题为"西班牙队夺冠"；将考生文件夹下的图片文件"图片 1.png"插入左侧的内容区，图片大小设置为"高度 8 厘米""宽度 10 厘米"，图片水平位置为"3 厘米"（相对于左上角）；图片动画设置为"进入/盒状"，文本动画设置为"进入/阶梯状"。

（4）对第三张幻灯片进行以下操作：

①将幻灯片版式调整为"两栏内容"，且将文本区的第二段文字移至标题区域并居中对齐。

②将考生文件夹下的图片文件"图片 2.png"插入到幻灯片右侧的内容区， 图片大小设置为"高度 7.2 厘米"，且"锁定纵横比"。

③将幻灯片中的文本动画设置为"进入/劈裂"，图片动画设置为"进入/飞入"、方向为"自右侧"。

（5）将第四张幻灯片的版式改为"空白"，为幻灯片中的表格套用一种合适的样式，并设置所有单元格对齐方式为居中对齐。

（6）全部幻灯片切换效果设置为从左下"抽出"。

实训 5　信 息 检 索

1. 单选题

1. 利用参考文献进行深入查找文献的方法是（　　　）。

　　A. 直接检索法　　B. 间接检索法　　C. 回溯检索法　　D. 循环检索法

2. 广义的信息检索包含两个过程，即（　　　）。

　　A. 检索与利用　　B. 存储与检索　　C. 存储与利用　　D. 检索与报道

3. 信息素养是指（　　　）信息的综合能力。

　　A. 理解与掌握　　B. 查找　　　　　C. 查找与利用　　D. 利用

4. （　　）是指根据需要，借助检索工具从信息集合中找出所需信息的过程。

　　A. 信息能力　　　　B. 信息意识　　　　C. 信息检索　　　　D. 信息素养

5. 以下检索表达式的检索结果中既包含"计算机"又包含"信息检索"的是（　　）。

　　A. 计算机 AND 信息检索　　　　　　B. 计算机 OR 信息检索

　　C. 计算机 NOT 信息检索　　　　　　D. 计算机—信息检索

6. 不属于布尔逻辑运算符的是（　　）。

　　A. 与　　　　　　　B. 或　　　　　　　C. 非　　　　　　　D. 是

7. 在布尔逻辑检索技术中，"A NOT B"或"A—B"表示查找出（　　）。

　　A. 含有检索词 A 而不含检索词 B 的文献

　　B. 含有 A、B 这两个词的文献集合

　　C. 含有 A、B 之一或同时包含 AB 两词的文献

　　D. 含有检索词 B 而不含检索词 A 的文献

8. 数据库检索时，下列可以扩大检索范围的是（　　）。

　　A. 采用截词检索　　B. 用逻辑与　　C. 字段限制检索　　D. 二次检索

9. 小张在申请校内创新项目"国内数字出版产业调查"，以下的关键词组合最合适的是（　　）。

　　A. 国内、数字、出版　　　　　　　　B. 中国、出版、调查

　　C. 国内、数字出版、现状　　　　　　D. 中国、数字出版、产业

10. 检索式"（信息素质 OR 信息素养）NOT 信息检索"的含义是（　　）。

　　A. 查找包含"信息素质""信息素养"两个关键词，并包含"信息检索"的记录

　　B. 查找包含"信息素质""信息素养"两个关键词，但不包含"信息检索"的记录

　　C. 查找包含"信息素质""信息素养"任一关键词，但不包含"信息检索"的记录

　　D. 查找包含"信息素质""信息素养"任一关键词，并包含"信息检索"的记录

11. 如果只有图片而不知道图片的名字和相关信息，可以在百度中采用（　　）检索方式。

　　A. 语音检索　　　B. 图片检索　　　C. 学术搜索　　　D. 新闻搜索

12. 利用百度地图的街景功能，可以 360°查看实景。请查看坐落于合肥的中国科学技术大学东校区西门门口有几对石狮?（　　）

　　A. 0　　　　　　　B. 1　　　　　　　C. 2　　　　　　　D. 3

13. 利用百度搜索有关"人工智能"的 PPT 格式的文档，下列搜索语法正确的是（　　）。

    A. 人工智能.PPT   B. 人工智能[PPT]

    C. "人工智能".ppt   D. filetype:ppt 人工智能

14. 共享经济和分享经济属于意思比较接近的两个词。如果想使用百度查找这方面的资料，在搜索引擎的搜索框中，应该输入（　　）。

    A. 分享经济|共享经济   B. 分享经济＋共享经济

    C. 分享经济—共享经济   D. 分享经济共享经济

15. 网站没有站内检索功能，如果用搜索引擎来实现站内检索，需要用到（　　）检索语法。

    A. filetype   B. site   C. intitle   D. inurl

16. 百度搜索引擎的高级搜索语法中可以提高查全率的是（　　）。

    A. ""   B. —   C. l   D. site

17. 在百度公司推出的产品中，为网友在线分享文档提供的开放平台是指（　　）。

    A. 百度空间   B. 百度文库   C. 百度有啊   D. 百度百科

18. 在万方数据知识服务平台，检索结果的排序方式不包括（　　）。

    A. 字数排序   B. 相关度排序   C. 出版时间排序   D. 被引频次排序

19. 以下哪项不是万方数据知识服务平台的检索字段？（　　）

    A. 作者   B. 第一作者   C. 会议名称   D. 分子式

20. 在万方数据知识服务平台，已知作者单位是"北京大学"，可用以下什么途径进行文献的检索？（　　）

    A. 关键词   B. 题名   C. 作者   D. 作者单位

21. 在万方数据知识服务平台检索，以下（　　）是发表在核心期刊上的。

    A.《消费者电商直播平台购物偏好和感知风险分析》

    B.《以专利视角浅析机器人校准领域的发展趋势》

    C.《基于前馈神经网络的编译器测试用例生成方法》

    D.《网络购物节中预期后悔对在线冲动购物行为的影响》

22. 在万方数据知识服务平台或维普期刊库里检索，查得作者马费成 2006 年发表在《中国图书馆学报》上的论文有（　　）篇。

    A. 3   B. 4   C. 5   D. 6

23. 在万方数据知识服务平台检索篇名中含有检索词"智能制造"并且作者单位是"清华大学"的期刊论文，其中发表在"机器人产业"期刊上的文章作者是（　　）。

    A. 莫欣农   B. 臧传真   C. 郭朝晖   D. 王建民

24. 在万方数据知识服务平台检索高温超导专家赵忠贤教授发表的期刊论文，最早的一篇是哪一年发表的，发表在哪个刊物上？（   ）
    A. 1975 年,《物理学报》　　　　　　B. 1977 年,《物理》
    C. 1979 年,《低温物理》　　　　　　D. 1979 年,《自然杂志》

25. 利用维普期刊库检索《嵌入用户信息素养的信息服务实践研究基于类型理论与活动理论视角》一文的分类号是（   ）。
    A. G201　　　　　B. I247　　　　　C. F212　　　　　D. H311r

26. 请检索冯明发设计的实用新型专利"一种具有远程航行的无人机"，其专利申请号是（   ）。
    A. CN201720431334. 3　　　　　　B. CN201620866727. 2
    C. CN201610457874. 9　　　　　　D. CN201510781146. 9

27. 网络检索统计专业领域新闻，按适用程度，选择信息源或检索工具的排序是（   ）。
    A. 中国统计网（行业门户网站）/专利信息服务平台/百度或谷歌
    B. 百度或谷歌/中国统计网（行业门户网站）/专利信息服务平台
    C. 专利信息网/中国统计网（行业门户网站）/百度或谷歌
    D. 中国统计网（行业门户网站）/百度或谷歌/专利信息服务平台

28. 查找深圳市近十年的货物进出口总额，最合适的检索工具是（   ）。
    A. 中国知网　　　B. 百度　　　C. 国家统计局网　　　D. 万方医学网

29. 因被执行人未按执行通知书指定的期间履行生效法律文书确定的给付义务，且有履行能力而拒不履行，将被纳入失信被执行人名单，这个名单我们可以通过（   ）查询。
    A. 裁判文书网　　　　　　　　　B. 中国法院网
    C. 中国执行信息公开网　　　　　D. 学信网

30. 如果想查询一个企业或个人有没有涉诉案件，可以通过（   ）进行查询，在这个系统中可以免费查到各种判决书。
    A. 裁判文书网　　　　　　　　　B. 中国法院网
    C. 中国执行信息公开网　　　　　D. 学信网

31. 如果要查一家医院的等级，我们可以通过（   ）的网站进行查询。
    A. 食品药品监督管理总局　　　　B. 卫计委
    C. 知识产权局　　　　　　　　　D. 工商总局

32. 在某电子商务网站购物时，卖家突然说交易出现异常，并推荐处理异常的客服人员。以下最恰当的做法是（   ）。
    A. 通过电子商务官网上寻找正规的客服电话或联系方式，并进行核实

B. 直接和推荐的客服人员联系

C. 如果对方是经常交易的老卖家，可以相信

D. 如果对方是信用比较好的卖家，可以相信

33. 王女士的一个正在国外进修的朋友，晚上用 QQ 联系她，聊了些近况并谈及国外信用卡的便利，问该女士用的什么信用卡，并好奇地让其发信用卡正、反面的照片给他，要比较下国内外信用卡的差别。该女士有点犹豫，就拨通了朋友的电话，结果朋友说 QQ 被盗了。那么不法分子为什么要信用卡的正、反面照片呢?（   ）。

A. 对比国内外信用卡的区别

B. 收藏不同图案的信用卡图片

C. 复制该信用卡卡片

D. 可获得卡号、有效期和 CVV（末三位数），该三项信息已可以进行网络支付

34. 某同学浏览网页时弹出"新版游戏，免费玩，点击就送大礼包"的广告，点了之后发现是个网页游戏，提示："请安装插件"，这种情况下，该同学应该（   ）。

A. 网页游戏一般是不需要安装插件的，这种情况骗局的可能性非常大，不建议打开

B. 为了领取大礼包，安装插件之后玩游戏

C. 先将操作系统做备份，如果安装插件之后有异常，大不了恢复系统

D. 询问朋友是否玩过这个游戏，朋友如果说玩过，那应该没事

35. 要安全浏览网页，不应该（   ）。

A. 定期清理浏览器缓存和上网历史记录

B. 在公用计算机上使用"自动登录"和"记住密码"功能

C. 定期清理浏览器 Cookies

D. 禁止开启 ActiveX 控件和 Java 脚本

2. 判断题

1. 布尔逻辑检索中检索符号"OR"的主要作用在于提高查全率。（   ）

A. 正确　　　　　　　　　　　　B. 错误

2. 在维普期刊库中"在结果中检索"相当于逻辑"或"。（   ）

A. 正确　　　　　　　　　　　　B. 错误

3. 截词检索中，"?"和"*"的主要区别在于截断的字符位置的不同。（   ）

A. 正确　　　　　　　　　　　　B. 错误

4. 万方数据知识服务平台提供跨库检索功能。（   ）

A. 正确　　　　　　　　　　　　B. 错误

5. 在百度搜索引擎中，要实现字段的精确检索，可以用"( )"来限定。（　　　）

  A. 正确　 B. 错误

6. 根据检索结果内容划分，有数据信息检索、事实信息检索和文献信息检索。
（　　　）

  A. 正确　 B. 错误

7. 论文和所有文献资源都会被标记一些字段，例如标题、作者、发表时间等，在
特定检索字段里检索，会提高检索效率。（　　　）

  A. 正确　 B. 错误

8. 在万方数据知识服务平台专业检索中，输入检索式：主题：（"协同过滤"and"
推荐"）and 基金：(国家自然科学基金)，可以检索到主题包含"协同过滤"和
"推荐"及基金是"国家自然科学基金"的文献。（　　　）

  A. 正确　 B. 错误

9. 查找维普期刊库，如选择题名字段，检索"智慧图书馆建设"，精确检索和模
糊检索得到的检索结果一样多。（　　　）

  A. 正确　 B. 错误

10. 写作毕业论文的正确步骤是：选择课题、搜集资料、研究资料、明确论点、
执笔撰写、修改定稿。（　　　）

  A. 正确　 B. 错误

11. MOOC 是指大型开放式网络课程。（　　　）

  A. 正确　 B. 错误

12. 图书、期刊、报纸、网络资源，相较而言，网络资源的时效性最强。（　　　）

  A. 正确　 B. 错误

13. 一本期刊的质量，主要取决于该刊的综合影响因子。（　　　）

  A. 正确　 B. 错误

14. 参考文献中，"马仁杰，沙洲. 基于联盟区块链的档案信息资源共享模式研究-
以长三角地区为例[J]. 档案学研究，2019(1):61-68."是一篇期刊论文。（　　　）

  A. 正确　 B. 错误

实训 6　信息素养与社会责任

1. 单选题

1. 计算机系统安全通常指的是一种机制，即（　　　）。

  A. 只有被授权的人才能使用其相应的资源

  B. 自己的计算机只能自己使用

    C. 只是确保信息不暴露给未经授权的实体

    D. 以上说法均正确

2. 计算机安全属性不包括（　　　）。

    A. 保密性　　　　　　　　　　　B. 完整性

    C. 可用性服务和可审性　　　　　D. 语义正确性

3. 授权实体在需要时可获取资源并享受相应的服务，这一属性指的是（　　　）。

    A. 保密性　　　　B. 完整性　　　　C. 可用性　　　　D. 可靠性

4. 系统在规定条件下和规定时间内完成规定的功能，这一属性指的是（　　　）。

    A. 保密性　　　　B. 完整性　　　　C. 可用性　　　　D. 可靠性

5. 信息不被偶然或蓄意地删除、修改、伪造、乱序、重放、插入等破坏的属性指的是（　　　）。

    A. 保密性　　　　B. 完整性　　　　C. 可用性　　　　D. 可靠性

6. 确保信息不暴露给未经授权的实体的属性指的是（　　　）。

    A. 保密性　　　　B. 完整性　　　　C. 可用性　　　　D. 可靠性

7. 通信双方对其收、发过的信息均不可抵赖的特性指的是（　　　）。

    A. 保密性　　　　B. 不可抵赖性　　　C. 可用性　　　　D. 可靠性

8. 计算机安全不包括（　　　）。

    A. 实体安全　　　B. 操作安全　　　C. 系统安全　　　D. 信息安全

9. 使用大量垃圾信息，占用带宽（拒绝服务）攻击破坏的是（　　　）。

    A. 保密性　　　　B. 完整性　　　　C. 可用性　　　　D. 可靠性

10. 计算机病毒具有（　　　）。

    A. 传播性、破坏性、易读性　　　B. 传播性、潜伏性、破坏性

    C. 潜伏性、破坏性、易读性　　　D. 传播性、潜伏性、安全性

11. 以下关于计算机病毒特征说法正确的是（　　　）。

    A. 计算机病毒只具有破坏性和传染性，没有其他特征

    B. 计算机病毒具有隐蔽性和潜伏性

    C. 计算机病毒具有传染性但不能衍变

    D. 计算机病毒具有寄生性，都不是完整的程序

12. 计算机病毒是（　　　）。

    A. 通过计算机键盘传染的程序

    B. 计算机对环境的污染

    C. 非法占用计算机资源进行自身复制和干扰计算机正常运行的一种程序

    D. 既能感染计算机也够感染生物体的病毒

13. 关于计算机病毒的叙述，错误的是（　　　）。

A. 计算机病毒也是一种程序

B. 一台微机用反病毒软件清除过病毒后，就不会再被感染新的病毒

C. 病毒程序只有在计算机运行时才会复制并传染

D. 单机状态的微机，磁盘是传染病毒的主要媒介

14. 计算机病毒程序（　　　）。

A. 通常很大，可能达到几兆字节　　B. 通常不大，不会超过几十千字节

C. 一定很大，不会少于几十千字节　　D. 有时会很大，有时会很小

15. 微软公司发布"安全补丁"防范"宏病毒"，该病毒主要攻击的对象是（　　　）。

A. 操作系统　　　　　　　　B. 媒体播放器

C. Word 文档等 Office 文档　　D. 数据库管理系统

16. 计算机病毒传播途径不可能的是（　　　）。

A. 计算机网络　　　　　　　B. 纸质文件

C. 磁盘　　　　　　　　　　D. 感染病毒的计算机

17. 计算机可能感染病毒的途径（　　　）。

A. 从键盘输入统计数据　　　B. 运行外来程序

C. U 盘表面不清洁　　　　　D. 机房电源不稳定

18. 通过网络进行病毒传播的方式不包括（　　　）。

A. 文件传输　　B. 电子邮件　　C. 数据库文件　　D. 网页

19. 可以划分网络结构、管理和控制内外部通信的网络安全产品是（　　　）。

A. 网关　　　　B. 防火墙　　　C. 加密机　　　D. 防病毒软件

20. 目前在企业内部网与外部网之间，检查网络传送数据是否会对网络安全构成威胁的主要设备是（　　　）。

A. 路由器　　　B. 防火墙　　　C. 交换机　　　D. 网关

21. 为确保学校局域网的信息安全，防止来自 Internet 的黑客入侵，应采用的安全措施是设置（　　　）。

A. 网管软件　　B. 邮件列表　　C. 防火墙软件　　D. 杀毒软件

22. 以下关于防火墙的说法，正确的是（　　　）。

A. 防火墙主要用于检查外部网络访问内网的合法性

B. 只要安装了防火墙，系统就不会受到黑客的攻击

C. 防火墙能够提高网络的安全性，保证网络的绝对安全

D. 防火墙的主要功能是查杀病毒

23. 下面关于系统更新说法正确的是（　　　）。

A. 系统更新只能从微软网站下载补丁包

B. 系统更新后，可以不再受病毒的攻击

C. 系统之所以可以更新，是因为操作系统存在着漏洞

D. 所有的更新应及时下载安装，否则系统会崩溃

24. 下面关于系统还原说法正确的是（　　　）。

　　A. 系统还原等价于重新安装系统

　　B. 系统还原后可以清除计算机中的病毒

　　C. 系统还原后，硬盘上的信息会自动丢失

　　D. 还原点可以由系统自动生成也可以自行设置

25. 窃取信息是破坏信息的（　　　）。

　　A. 可靠性　　　　　B. 安全性　　　　　C. 保密性　　　　　D. 完整性

26. 篡改信息是攻击破坏信息的（　　　）。

　　A. 可靠性　　　　　B. 可用性　　　　　C. 完整性　　　　　D. 保密性

27. 以下网络安全技术中，不能用于防止发送或接收信息用户出现"抵赖"的是（　　　）。

　　A. 数字签名　　　B. 防火墙　　　　C. 第三方确认　　　D. 身份认证

28. 数据在存储或传输时不被修改、破坏，或数据包丢失、乱序等，指的是（　　　）。

　　A. 数据一致性　　B. 数据完整性　　C. 数据同步性　　D. 数据源发性

29. 下面不属于访问控制策略的是（　　　）。

　　A. 加口令　　　　B. 设置访问权限　C. 加密　　　　　D. 角色认证

30. 认证使用的技术不包括（　　　）。

　　A. 消息认证　　　B. 身份认证　　　C. 水印技术　　　D. 数字签名

31. 影响网络安全的因素不包括（　　　）。

　　A. 信息处理环节存在不安全因素　　B. 操作系统有漏洞

　　C. 计算机硬件有不安全因素　　　　D. 黑客攻击

32. 以下不属于网络行为规范的是（　　　）。

　　A. 不应未经许可而使用别人计算机的资源

　　B. 不应用计算机进行偷窃

　　C. 不应干扰别人的计算机工作

　　D. 可以使用或复制没有授权的软件

33. 未经允许私自闯入他人计算机系统的人，被称为（　　　）。

　　A. IT 精英　　　　B. 网络管理员　　C. 黑客　　　　　D. 编程工作人员

34. 以下人为的恶意攻击行为中，属于主动攻击的是（　　　）。

　　A. 身份假冒　　　B. 数据窃听　　　C. 数据流分析　　D. 非法访问

35. 下面不属于主动攻击的是（　　　）。

　　A. 身份假冒　　　B. 数据窃听　　　C. 重放　　　　　D. 修改信息

36. 下面不属于被动攻击的是（　　）。

    A. 流量分析　　　B. 数据窃听　　　C. 重放　　　　　D. 截取数据包

37. 下面关于网络信息安全的叙述中，不正确的是（　　）。

    A. 网络环境下的信息系统比单机系统复杂，信息安全问题比单机更加难以得到保障

    B. 网络安全的核心是操作系统的安全性，它涉及信息在存储和处理状态下的保护问题

    C. 防火墙是保护单位内部网络不受外部攻击的有效措施之一

    D. 电子邮件是个人之间的通信手段，不会传染计算机病毒

38. 网上"黑客"是指（　　）的人。

    A. 匿名上网　　　　　　　　　B. 在网上私闯他人计算机

    C. 不花钱上网　　　　　　　　D. 总在夜晚上网

39. 允许用户在输入正确的保密信息（例如用户名和密码）时才能进入系统，采用的方法是（　　）。

    A. 口令　　　　　B. 命令　　　　　C. 序列号　　　　D. 公文

40. 网络安全不涉及的是（　　）。

    A. 加密　　　　　B. 防病毒　　　　C. 防黑客　　　　D. 硬件技术升级

41. 用某种方法伪装消息以隐藏它的内容的过程称为（　　）。

    A. 数据格式化　　B. 数据加工　　　C. 数据加密　　　D. 数据解密

42. 下列哪个不属于常见的网络安全问题？（　　）

    A. 网上的蓄意破坏，如在未经他人许可的情况下篡改他人网页

    B. 侵犯隐私或机密资料

    C. 因为有意或无意的外界因素或疏漏，组织或机构无法完成应有的网络服务项目

    D. 在共享打印机上打印文件

43. 保障信息安全最基本、最核心的技术措施是（　　）。

    A. 信息加密技术　　　　　　　B. 信息确认技术

    C. 网络控制技术　　　　　　　D. 反病毒技术

44. 下列选项中不属于网络安全的问题是（　　）。

    A. 拒绝服务　　　　　　　　　B. 黑客恶意访问

    C. 散布谣言　　　　　　　　　D. 计算机病毒

45. 为了防御网络监听，最常用的方法是（　　）。

    A. 采用专人传送　　　　　　　B. 信息加密

C. 无线网   D. 使用专线传输

46. 根据实现的技术不同，访问控制可分为三种，它不包括（   ）。

    A. 强制访问控制   B. 自由访问控制

    C. 基于角色的访问控制   D. 自主访问控制

47. 根据应用的环境不同，访问控制可分为三种，它不包括（   ）。

    A. 应用程序访问控制   B. 主机、操作系统访问控制

    C. 网络访问控制   D. 数据库访问控制

48. 认证技术不包括（   ）。

    A. 消息认证   B. 身份认证   C. IP 认证   D. 数字签名

49. 软件盗版是指未经授权对软件进行复制、仿制、使用或生产的行为。下面不属于软件盗版的形式是（   ）。

    A. 使用的是计算机销售公司安装的非正版软件

    B. 网上下载的非正版软件

    C. 自己解密的非正版软件

    D. 使用试用版的软件

50. 网络安全从本质上讲就是网络上的信息安全，下列不属于网络安全的技术是（   ）。

    A. 防火墙   B. 加密狗   C. 认证   D. 防病毒

2. 判断题

1. 信息素养是现代社会中不可或缺的素质。（   ）

    A. 正确   B. 错误

2. 信息获取只能通过网络实现。（   ）

    A. 正确   B. 错误

3. 信息处理能力包括信息的整理和加工能力。（   ）

    A. 正确   B. 错误

4. 信息安全意识是指使用信息时不需要保护个人隐私。（   ）

    A. 正确   B. 错误

5. 信息素养课程目标在于帮助学员提升信息技能和素养。（   ）

    A. 正确   B. 错误

6. 信息无时不在，无处不在。（   ）

    A. 正确   B. 错误

7. 计算机领域的最高奖项是图灵奖。（   ）

    A. 正确   B. 错误

8. 信息素养是当代大学生必备的基本素养。（   ）

    A. 正确   B. 错误

9. 信息素养的内涵丰富，需要大学生们充分理解并付诸实践。（　　　）

　　A. 正确　　　　　　　　　　　B. 错误

10. 信息素养为不同专业的同学提供实现理想的能力支撑。（　　　）

　　A. 正确　　　　　　　　　　　B. 错误

11. 大学生的许多信息需求可以通过搜索引擎检索获得。（　　　）

　　A. 正确　　　　　　　　　　　B. 错误

12. 百度于 2001 年 7 月成立于上海浦东新区。（　　　）

　　A. 正确　　　　　　　　　　　B. 错误

13. 从衣、食、住、行到天气预报、网络购物等信息都可以通过搜索引擎来查询。

　　（　　　）

　　A. 正确　　　　　　　　　　　B. 错误

14. 到某城市自助旅游的线路查寻可以使用百度地图功能来实现。（　　　）

　　A. 正确　　　　　　　　　　　B. 错误

15. 掌握多种信息检索技能，可以有效提高信息获取的效率和准确度。（　　　）

　　A. 正确　　　　　　　　　　　B. 错误

教师服务

感谢您选用清华大学出版社的教材！为了更好地服务教学，我们为授课教师提供本书的教学辅助资源，以及本学科重点教材信息。请您扫码获取。

≫ 教辅获取

本书教辅资源，授课教师扫码获取

≫ 样书赠送

公共基础课类重点教材，教师扫码获取样书

 清华大学出版社

E-mail: tupfuwu@163.com
电话：010-83470332 / 83470142
地址：北京市海淀区双清路学研大厦 B 座 509

网址：https://www.tup.com.cn/
传真：8610-83470107
邮编：100084